趣味物理实验

主　编◎姜　艳　郭彦省
副主编◎闫智勇　陈宇阳

重庆大学出版社

内容提要

本书根据职业院校学生对物理实验课程的需求、教学目标以及学生的学情和实验条件等,对相应的活页式教材的内容按需定制,从而形成完整的过程性学习资料。

本书以典型工作任务为基本组织单位:学习场—学习情境—典型工作环节。本书主要包括基础实验、虚拟仿真实验、探究性实验 3 个学习场,共有 10 个学习情境,每个学习情境内设预习实验背景、推导实验原理、制订实验步骤、进行实验操作、处理实验数据 5 个典型工作环节。本书突破传统教学模式,激发学生内在学习动力,使学生学有所获。

本书可作为高职高专院校各专业物理实验和相关选修课的教学用书,也可作为高等专科学校、成人高等学校、本科院校的二级职业技术学院和民办高校各工科专业的物理实验教材或参考书。

图书在版编目(CIP)数据

趣味物理实验 / 姜艳,郭彦省主编. -- 重庆:重庆大学出版社,2023.11

ISBN 978-7-5689-3729-0

Ⅰ. ①趣… Ⅱ. ①姜… ②郭… Ⅲ. ①物理学—实验
Ⅳ. ①O4-33

中国国家版本馆 CIP 数据核字(2023)第 108157 号

趣味物理实验
QUWEI WULI SHIYAN

主　编　姜　艳　郭彦省
副主编　闫智勇　陈宇阳
责任编辑:范　琪　　版式设计:范　琪
责任校对:刘志刚　　责任印制:张　策

*

重庆大学出版社出版发行
出版人:陈晓阳
社址:重庆市沙坪坝区大学城西路 21 号
邮编:401331
电话:(023)88617190　88617185(中小学)
传真:(023)88617186　88617166
网址:http://www.cqup.com.cn
邮箱:fxk@ cqup.com.cn(营销中心)
全国新华书店经销
重庆愚人科技有限公司印刷

*

开本:787mm×1092mm　1/16　印张:14.5　字数:365 千
2023 年 11 月第 1 版　　2023 年 11 月第 1 次印刷
ISBN 978-7-5689-3729-0　定价:49.80 元

前　言

在高等职业院校高素质技能人才培养过程中，以"三教"改革为出发点，活页教材的开发和建设也是教学改革的有效形式和载体，对培养高素质高技能人才起着至关重要的作用。

传统教材大多以知识体系为主线来构建教学内容，强调知识的系统性和连贯性，注重培养学生扎实的理论基础。而活页式教材通常是以单个任务为教学单位，以活页的形式将任务贯穿起来，既让学生掌握一定的理论基础，也培养学生的实践和应用能力。活页教材的编写以使用者为中心，充分满足教师教学和学生学习的个性化要求，以便更好地适应教材改革趋势和专业群发展要求。

本书按照工作过程系统化的模式进行设计，分为学习场（基础实验、虚拟仿真实验、探究性实验）—学习情境（实验名称）—典型工作环节（预习实验背景、推导实验原理、制订实验步骤、进行实验操作、处理实验数据）。并且每个典型工作环节围绕"资讯—计划—决策—实施—检查—评价"六个维度，评价学生在工作过程中的具体表现。教师可以根据学生对物理实验课程的需求、教学目标以及学生的学情和实验实训条件等，对相应的活页式教材的内容按需定制，从而形成完整的过程性学习资料。

本书由北京工业职业技术学院姜艳、北京工业职业技术学院郭彦省任主编，重庆航天职业技术学院闫智勇、北京工业职业技术学院陈宇阳任副主编。具体编写分工如下：基础实验中学习情境（一）、学习情境（三）及探究性实验由姜艳编写；基础实验中学习情境（二）及虚拟仿真实验中学习情景（二）、学习情境（三）由郭彦省编写；基础实验中学习情境（四）由闫智勇编写；虚拟仿真实验中学习情境（一）由陈宇阳编写。

物理实验教材改革任重道远。本书的出版得到了"中职-高职-本科贯通培养一体化物理实验活页式教材开发研究"（CDDB23232）项目的资助。在本书的编写过程中，征求了许多职业教育改革专家及从事物理实验教学老师的意见和建议，并参考了许多资料和文献。同时，学校对实验室建设，物理教材改革等给予很大的支持和鼓励，在此表示衷心的感谢！

由于编者水平有限，时间仓促，书中难免有需要改进之处，敬请读者批评指正。

编　者
2023 年 5 月

目　录

学习场一　基础实验

学习情境(一) 探究小车速度随时间变化的规律

探究小车速度随时间变化的规律的辅助表单

学习性工作任务单

学习场一	基础实验				
学习情境(一)	探究小车速度随时间变化的规律				
学时	0.3学时				
典型工作过程描述	预习实验背景—推导实验原理—制订实验步骤—进行实验操作—处理实验数据				
学习目标	典型工作环节(1)预习实验背景的学习目标 ①猜想小车速度变化的影响因素。 ②熟练打点计时器的使用及利用纸带求某时刻瞬时速度的方法。 典型工作环节(2)推导实验原理的学习目标 ①探究利用纸带求某时刻瞬时速度的方法。 ②推导匀变速直线运动中速度随时间变化的规律。 典型工作环节(3)制订实验步骤的学习目标 ①依据所求物理量,设计实验并制订实验步骤。 ②纸带打点,测量某时刻小车的瞬时速度。 典型工作环节(4)进行实验操作的学习目标 ①组装实验仪器,有序进行实验操作。 ②重复实验3次,整理实验仪器。 典型工作环节(5)处理实验数据的学习目标 ①记录数据,处理纸带,求出各点瞬时速度。 ②运用v-t图处理数据,观察规律				
任务描述	首先,根据实验要求设计实验,并完成某种规律的探究;运用匀变速直线运动规律得到纸带上打出各点的瞬时速度;其次,按照实验步骤,纸带打点,记录数据;再次,直观地运用物理图像得到各点的瞬时速度;最后,展现规律,验证规律				
学时安排	资讯0.5学时	计划0.5学时	决策0.5学时	实施0.5学时	检查0.5学时	评价0.5学时

续表

对学生的要求	①通过对小车运动的设计,培养其积极主动思考问题的习惯,并锻炼其思考的全面性、准确性与逻辑性。 ②通过对纸带的处理、实验数据图像的展现,培养其实事求是的科学态度,使其能灵活地运用科学方法来研究问题、解决问题,提高创新意识
参考资料	高中物理必修教材

材料工具清单

学习场一	基础实验				
学习情境（一）	探究小车速度随时间变化的规律				
学时	0.2 学时				
典型工作过程描述	预习实验背景—推导实验原理—制订实验步骤—进行实验操作—处理实验数据				
序号	名称	作用	数量	型号	使用量	使用者
1	打点计时器		1			
2	纸带		10			
3	复写纸		2			
4	小车		1			
5	细绳		2			
6	一端附有定滑轮的长木板		1			
7	刻度尺		1			
8	低压交流电源		1			
9	钩码		5			
10	导线		2			
班级		第　　组	组长签字			
教师签字		日期				

教师实施计划单

学习场一	基础实验				
学习情境（一）	探究小车速度随时间变化的规律				
学时	0.1 学时				
典型工作过程描述	预习实验背景—推导实验原理—制订实验步骤—进行实验操作—处理实验数据				
序号	工作与学习步骤	学时	使用工具	地点	方式	备注
1	预习实验背景	0.6	实验仪器	实验室	实操	
2	推导实验原理	0.6	实验仪器	实验室	实操	
3	制订实验步骤	0.6	实验仪器	实验室	实操	
4	进行实验操作	0.6	实验仪器	实验室	实操	
5	处理实验数据	0.6	实验仪器	实验室	实操	
班级		教师签字		日期		

分组单

学习场一	基础实验				
学习情境（一）	探究小车速度随时间变化的规律				
学时	0.1 学时				
典型工作过程描述	预习实验背景—推导实验原理—制订实验步骤—进行实验操作—处理实验数据				
分组情况	组别	组长		组员	
	1				
	2				
	3				
	4				
分组说明					
班级		教师签字		日期	

教学反馈单

学习场一	基础实验		
学习情境（一）	探究小车速度随时间变化的规律		
学时	0.1 学时		
典型工作过程描述	预习实验背景—推导实验原理—制订实验步骤—进行实验操作—处理实验数据		
调查项目	序号	调查内容	理由描述
	1	能否熟练使用打点计时器并掌握利用纸带求某时刻瞬时速度的方法	
	2	能否正确设计实验并制订实验步骤	
	3	能否判断匀变速直线运动中速度随时间变化的规律	

您对本次课程教学的改进意见是：

调查信息	被调查人姓名		调查日期	

成绩报告单

学习场一	基础实验			
学习情境（一）	探究小车速度随时间变化的规律			
学时	0.1 学时			
姓名		班级		
分数（总分100分）	自评20%	互评20%	教师评60%	总分
教师签字		日期		

典型工作环节（1）　预习实验背景

预习实验背景的资讯单

学习场一	基础实验
学习情境（一）	探究小车速度随时间变化的规律
学时	0.1 学时
典型工作过程描述	预习实验背景—推导实验原理—制订实验步骤—进行实验操作—处理实验数据
搜集资讯的方式	线下书籍及线上资源相结合
资讯描述	①回顾打点计时器的构造及工作原理。 ②瞬时速度的测量。 ③用 $v\text{-}t$ 图进行实验数据分析
对学生的要求	预习利用打点计时器来探究小车速度随时间变化的规律
参考资料	高中物理必修教材

预习实验背景的计划单

学习场一	基础实验		
学习情境（一）	探究小车速度随时间变化的规律		
学时	0.1 学时		
典型工作过程描述	预习实验背景		
计划制订的方式	小组讨论		
序号	工作步骤		注意事项
1	预习打点计时器的使用方法		
2	预习测量瞬时速度的方法		
3	预习用图像描述物体的运动规律		
计划评价	班级		第　　组	组长签字
	教师签字		日期	
	评语：			

预习实验背景的决策单

学习场一	基础实验
学习情境(一)	探究小车速度随时间变化的规律
学时	0.1 学时
典型工作过程描述	预习实验背景

计划对比

序号	可行性	经济性	可操作性	实施难度	综合评价
1					
2					
3					
N					

决策评价	班级		第 组	组长签字	
	教师签字		日期		
	评语:				

预习实验背景的实施单

学习场一	基础实验
学习情境(一)	探究小车速度随时间变化的规律
学时	0.1 学时
典型工作过程描述	预习实验背景

序号	实施步骤	注意事项
1	回顾打点计时器的构造及工作原理,如图所示 (a)电磁打点计时器 (b)电火花打点计时器	电磁打点计时器是一种使用交流电源的计时仪器,其工作电压小于6 V,一般为4~6 V,电源的频率是50 Hz,每隔0.02 s打一次点,即1 s打50个点。 电火花打点计时器是利用火花放电在纸带上打出墨迹而显示出点迹的计时仪器,使用220 V交流电压,当频率为50 Hz时,它每隔0.02 s打一次点。电火花计时器工作时,纸带运动所受到的阻力比较小,它比电磁打点计时器实验误差小。 电火花打点原理:交流电的电源电压大小会周期性改变,当电压值达到较大时(一般认为是最大时),就会放出电火花,于是电火花会周期性出现,由于纸张不导电,所以不能将电火花吸引在纸面上,而作为导体的碳膜起"引雷"的作用,将印记"打"在纸带上

序号	实施步骤	注意事项
2	瞬时速度的测量	用纸带上与待测点相邻的两点的平均速度来表示待测点的瞬时速度
3	运用 v-t 图进行实验数据分析	
实施说明：		

实施评价	班级		第　　组	组长签字	
	教师签字		日期		
	评语：				

预习实验背景的检查单

学习场一	基础实验			
学习情境（一）	探究小车速度随时间变化的规律			
学时	0.1 学时			
典型工作过程描述	预习实验背景			
序号	检查项目	检查标准	学生自查	教师检查
1	了解打点计时器	掌握打点计时器的原理		
2	求出瞬时速度	可以利用纸带求出速度		
3	v-t 图数据分析	可以判断小车的运动规律		

检查评价	班级		第　　组	组长签字	
	教师签字		日期		
	评语：				

预习实验背景的评价单

学习场一	基础实验			
学习情境（一）	探究小车速度随时间变化的规律			
学时	0.1 学时			
典型工作过程描述	预习实验背景			
评价项目	评价子项目	学生自评	组内评价	教师评价
了解打点计时器	掌握打点计时器的原理			
求出瞬时速度	可以利用纸带求出速度			
v-t 图数据分析	可以判断小车的运动规律			
最终结果				

评价	班级		第　　组	组长签字	
	教师签字		日期		
	评语：				

典型工作环节(2) 推导实验原理

推导实验原理的资讯单

学习场一	基础实验
学习情境(一)	探究小车速度随时间变化的规律
学时	0.1 学时
典型工作过程描述	预习实验背景—推导实验原理—制订实验步骤—进行实验操作—处理实验数据
搜集资讯的方式	线下书籍及线上资源相结合
资讯描述	推导实验原理、平均速度公式、加速度公式： $$\bar{v}_n = \frac{x_n + x_{n+1}}{2T}, a = \frac{a_1 + a_2 + a_3}{3} = \frac{x_4 + x_5 + x_6 - (x_1 + x_2 + x_3)}{9T^2}$$
对学生的要求	①利用纸带推导平均速度公式。 ②利用纸带推导加速度公式
参考资料	高中物理必修教材

推导实验原理的计划单

学习场一	基础实验		
学习情境(一)	探究小车速度随时间变化的规律		
学时	0.1 学时		
典型工作过程描述	推导实验原理		
计划制订的方式	小组讨论		
序号	工作步骤		注意事项
1	利用纸带推导小车瞬时速度		
2	推导小车加速度		
3	判断小车是否做匀加速直线运动		
计划评价	班级		第　组	组长签字
	教师签字		日期	
	评语：			

推导实验原理的决策单

学习场一	基础实验			
学习情境（一）	探究小车速度随时间变化的规律			
学时	0.1 学时			
典型工作过程描述	推导实验原理			
计划对比				
序号	可行性	经济性	可操作性	实施难度	综合评价
1					
2					
3					
N					

决策评价	班级		第　　组	组长签字	
	教师签字		日期		
	评语：				

推导实验原理的实施单

学习场一	基础实验
学习情境（一）	探究小车速度随时间变化的规律
学时	0.1 学时
典型工作过程描述	推导实验原理

序号	实施步骤	注意事项
1	判断物体运动状态的方法 求相邻位移的 Δx，设相邻点之间的位移为 $x_1, x_2, x_3, \cdots$，T 是两个相邻计数点间的时间间隔	①若 $x_2 - x_1 = x_3 - x_2 = \cdots = x_n - x_{n-1} = 0$，则物体做匀速直线运动 ②若 $x_2 - x_1 = x_3 - x_2 = \cdots = x_n - x_{n-1} =$ 恒量（非零），则物体做匀变速直线运动
2	由纸带求物体速度的方法——平均速度法 根据 $\bar{v} = v_{\frac{1}{2}} = \dfrac{x}{t}$，可求得 $\bar{v}_1 = \dfrac{x_1 + x_2}{2T}$， $\bar{v}_2 = \dfrac{x_2 + x_3}{2T}$，$\bar{v}_3 = \dfrac{x_3 + x_4}{2T}, \cdots, \bar{v}_n = \dfrac{x_n + x_{n+1}}{2T}$	这样使所测数据得到了有效利用，达到了减小误差的目的

续表

序号	实施步骤	注意事项
3	求物体加速度的方法 ①逐差法:若纸带上有相邻的 6 个计数点,相邻的位移为 $x_1, x_2, \cdots, x_6$,则 $a_1 = \dfrac{x_4 - x_1}{3T^2}$, $a_2 = \dfrac{x_5 - x_2}{3T^2}$,$a_3 = \dfrac{x_6 - x_3}{3T^2}$,则 $a = \dfrac{a_1 + a_2 + a_3}{3} = \dfrac{x_4 + x_5 + x_6 - (x_1 + x_2 + x_3)}{9T^2}$ ②图像法:由"平均速度法"求出多个点的速度,作出 v-t 图,图线的斜率即为物体运动的加速度	

实施说明:

实施评价	班级		第　　组		组长签字	
	教师签字		日期			
	评语:					

推导实验原理的检查单

学习场一	基础实验
学习情境(一)	探究小车速度随时间变化的规律
学时	0.1 学时
典型工作过程描述	推导实验原理

序号	检查项目	检查标准	学生自查	教师检查
1	求出小车某点瞬时速度	掌握利用纸带求某时刻瞬时速度的方法		
2	推导小车速度变化的规律	推导出匀变速直线运动中速度随时间变化的规律		

检查评价	班级		第　　组		组长签字	
	教师签字		日期			
	评语:					

推导实验原理的评价单

学习场一	基础实验			
学习情境（一）	探究小车速度随时间变化的规律			
学时	0.1学时			
典型工作过程描述	推导实验原理			
评价项目	评价子项目	学生自评	组内评价	教师评价
求出小车某点瞬时速度	掌握利用纸带求某时刻瞬时速度的方法			
推导小车速度变化的规律	推导出匀变速直线运动中速度随时间变化的规律			
最终结果				
评价	班级		第 组	组长签字	
	教师签字		日期		
	评语：				

典型工作环节(3) 制订实验步骤

制订实验步骤的资讯单

学习场一	基础实验
学习情境（一）	探究小车速度随时间变化的规律
学时	0.1学时
典型工作过程描述	制订实验步骤
搜集资讯的方式	线下书籍及线上资源相结合
资讯描述	①依据所求物理量,设计实验并制订实验步骤。②学会用打过点的纸带研究物体的运动
对学生的要求	设计实验,制订正确、有序的实验步骤
参考资料	高中物理必修教材

制订实验步骤的计划单

学习场一	基础实验			
学习情境（一）	探究小车速度随时间变化的规律			
学时	0.1 学时			
典型工作过程描述	制订实验步骤			
计划制订的方式	小组讨论			
序号	工作步骤		注意事项	
1	设计实验并制订实验步骤			
2	用纸带研究物体的运动			
计划评价	班级		第　组	组长签字
	教师签字		日期	
	评语：			

制订实验步骤的决策单

学习场一	基础实验				
学习情境（一）	探究小车速度随时间变化的规律				
学时	0.1 学时				
典型工作过程描述	制订实验步骤				
计划对比					
序号	可行性	经济性	可操作性	实施难度	综合评价
1					
2					
3					
N					
决策评价	班级		第　组	组长签字	
	教师签字		日期		
	评语：				

制订实验步骤的实施单

学习场一	基础实验
学习情境（一）	探究小车速度随时间变化的规律
学时	0.1 学时
典型工作过程描述	制订实验步骤

序号	实施步骤	注意事项
1	安装实验仪器,放置打点计时器及纸带,接通电源,如图所示 	
2	小车拖着纸带运动,打点计时器打点。换上新纸带,重复 3 次	
3	选择理想纸带,标记数据,求出某点瞬时速度	
4	求出 a 的平均值,判断小车的运动状态	
5	整理实验器材	

实施说明：

实施评价	班级		第　　组		组长签字	
	教师签字		日期			
	评语：					

制订实验步骤的检查单

学习场一	基础实验
学习情境（一）	探究小车速度随时间变化的规律
学时	0.1 学时
典型工作过程描述	制订实验步骤

序号	检查项目	检查标准	学生自查	教师检查
1	制订实验步骤	正确、有序地设计实验步骤		
2	用纸带研究物体的运动	利用瞬时速度、加速度判断小车的运动规律		

检查评价	班级		第　　组		组长签字	
	教师签字		日期			
	评语：					

制订实验步骤的评价单

学习场一	基础实验		
学习情境（一）	探究小车速度随时间变化的规律		
学时	0.1学时		
典型工作过程描述	制订实验步骤		
评价项目	评价子项目	学生自评	组内评价	教师评价
制订实验步骤	正确、有序地设计实验步骤			
用纸带研究物体的运动	利用瞬时速度、加速度判断小车的运动规律			
最终结果				
评价	班级		第　　组	组长签字	
	教师签字		日期		
	评语：				

典型工作环节（4）　进行实验操作

进行实验操作的资讯单

学习场一	基础实验
学习情境（一）	探究小车速度随时间变化的规律
学时	0.1学时
典型工作过程描述	进行实验操作
搜集资讯的方式	线下书籍及线上资源相结合
资讯描述	①练习使用打点计时器，学会用打过点的纸带研究物体的运动。 ②熟练进行实验操作，掌握判断物体是否做匀变速直线运动的方法
对学生的要求	按正确的实验步骤完成实验
参考资料	高中物理必修教材

进行实验操作的计划单

学习场一	基础实验		
学习情境（一）	探究小车速度随时间变化的规律		
学时	0.1学时		
典型工作过程描述	进行实验操作		
计划制订的方式	小组讨论		
序号	工作步骤		注意事项
1	明确实验要测量的物理量		
2	准备连接调试实验仪器		
3	按照实验步骤进行实验		
计划评价	班级　　　　　　　　　　第　　组　　　组长签字		
	教师签字　　　　　　　　　日期		
	评语：		

进行实验操作的决策单

学习场一	基础实验				
学习情境（一）	探究小车速度随时间变化的规律				
学时	0.1学时				
典型工作过程描述	进行实验操作				
计划对比					
序号	可行性	经济性	可操作性	实施难度	综合评价
1					
2					
3					
N					
决策评价	班级　　　　　　　　　第　　组　　　组长签字				
	教师签字　　　　　　　　日期				
	评语：				

进行实验操作的实施单

学习场一	基础实验
学习情境（一）	探究小车速度随时间变化的规律
学时	0.1 学时
典型工作过程描述	进行实验操作

序号	实施步骤	注意事项
1	把一端附有定滑轮的长木板平放在实验桌上,并使滑轮伸出桌面,把打点计时器固定在长木板上没有滑轮的一端,连接好电路;再把一条细绳拴在小车上,细绳跨过滑轮,下边挂上合适的钩码,把纸带穿过打点计时器,并把它的一端固定在小车的后面。实验装置如图所示 	减小误差:小车另一端挂的钩码个数要适当,避免速度过快而使纸带上打的点太少,或者速度太慢,使纸带上打的点过于密集
2	把小车停在靠近打点计时器处,接通电源后,放开小车,让小车拖着纸带运动,打点计时器就在纸带上打下一系列的点,换上新纸带,重复3次	纸带选取:选择一条点迹清晰的纸带,舍弃点迹密集部分,适当选取计数点
3	从3条纸带中选择一条比较理想的纸带,舍掉开头比较密集的点,在后边便于测量的地方找一个起始点,并把每打5个点的时间作为计时的时间间隔,即 $T = 0.02 \times 5 \text{ s} = 0.1 \text{ s}$,在选好的开始点下面记作0,第6点作为计数点1,同样,再标出计数点2,3,4,5,6。两相邻计数点间的距离用刻度尺测出,并分别记为 $x_1, x_2, \cdots, x_6$	准确作图:在坐标纸上,纵、横轴选取合适的单位,仔细描点连线,不能连成折线,应作一条直线,让各点尽量落在这条直线上,不在直线上的各点应均匀分布在直线的两侧
4	根据测量结果和前面的计算公式,计算出 a_1, a_2, a_3 的值,求出 a 的平均值,它就是小车做匀变速直线运动的加速度	
5	整理实验器材	

实施说明:

实施评价	班级		第　　组	组长签字	
	教师签字		日期		
	评语:				

进行实验操作的检查单

学习场一	基础实验			
学习情境（一）	探究小车速度随时间变化的规律			
学时	0.1学时			
典型工作过程描述	进行实验操作			
序号	检查项目	检查标准	学生自查	教师检查
1	使用打点计时器等进行实验操作	熟练使用仪器,有序进行实验操作		
2	用纸带研究物体的运动	可以判断小车的运动状态		
检查评价	班级		第 组	组长签字	
	教师签字		日期		
	评语:				

进行实验操作的评价单

学习场一	基础实验			
学习情境（一）	探究小车速度随时间变化的规律			
学时	0.1学时			
典型工作过程描述	进行实验操作			
评价项目	评价子项目	学生自评	组内评价	教师评价
使用打点计时器等仪器进行实验操作	熟练使用仪器,有序进行实验操作			
用纸带研究物体的运动	可以判断小车的运动状态			
最终结果				
评价	班级		第 组	组长签字	
	教师签字		日期		
	评语:				

典型工作环节(5)　处理实验数据

处理实验数据的资讯单

学习场一	基础实验
学习情境(一)	探究小车速度随时间变化的规律
学时	0.1 学时
典型工作过程描述	处理实验数据
搜集资讯的方式	线下书籍及线上资源相结合
资讯描述	①测定匀变速直线运动的瞬时速度、加速度。 ②掌握判断物体是否做匀变速直线运动的方法
对学生的要求	能正确分析纸带,用图像法和逐差法处理实验数据
参考资料	高中物理必修教材

处理实验数据的计划单

学习场一	基础实验		
学习情境(一)	探究小车速度随时间变化的规律		
学时	0.1 学时		
典型工作过程描述	处理实验数据		
计划制订的方式	小组讨论		
序号	工作步骤		注意事项
1	掌握实验原理		
2	测量所需的实验数据		
3	处理实验数据,求出待求物理量		
4	验证实验规律		
计划评价	班级		第　　组	组长签字	
	教师签字		日期		
	评语:				

处理实验数据的决策单

学习场一	基础实验				
学习情境（一）	探究小车速度随时间变化的规律				
学时	0.1 学时				
典型工作过程描述	处理实验数据				
计划对比					
序号	可行性	经济性	可操作性	实施难度	综合评价
1					
2					
3					
N					

决策评价	班级		第　　组	组长签字	
	教师签字		日期		
	评语：				

处理实验数据的实施单

学习场一	基础实验
学习情境（一）	探究小车速度随时间变化的规律
学时	0.1 学时
典型工作过程描述	处理实验数据

序号	实施步骤	注意事项
1	由纸带求物体速度的方法——平均速度法 根据 $\bar{v} = v_{\frac{1}{2}} = \dfrac{x}{t}$，可求得 $\bar{v}_1 = \dfrac{x_1 + x_2}{2T}$，$\bar{v}_2 = \dfrac{x_2 + x_3}{2T}$，$\bar{v}_3 = \dfrac{x_3 + x_4}{2T}$，$\cdots$，$\bar{v}_n = \dfrac{x_n + x_{n+1}}{2T}$	小车拽着纸带所做的加速运动中加速度不恒定，这样测量得到的加速度只能是所测量段的平均加速度
2	求物体加速度的方法 逐差法：若纸带上有相邻的 6 个计数点，相邻的位移为 $x_1, x_2, \cdots, x_6$，则 $a_1 = \dfrac{x_4 - x_1}{3T^2}$，$a_2 = \dfrac{x_5 - x_2}{3T^2}$，$a_3 = \dfrac{x_6 - x_3}{3T^2}$，则 $a = \dfrac{a_1 + a_2 + a_3}{3} = \dfrac{x_4 + x_5 + x_6 - (x_1 + x_2 + x_3)}{9T^2}$	计数点间距离测量应从所标出的 0,1,2,3,$\cdots$ 中的 0 点开始，分别测 0:1,1:2,2:3,$\cdots$ 之间的距离，然后计算 0:1,1:2,2:3,$\cdots$ 之间的距离分别表示为 $x_1, x_2, x_3, \cdots$，这样可以减小因测量带来的偶然误差

续表

序号	实施步骤	注意事项
3	图像法:由"平均速度法"求出多个点的速度,作出 $v\text{-}t$ 图,图线的斜率即为物体运动的加速度	纸带上计数点间距离测量带来偶然误差(如距离较小时的测量误差),及小车运动所受的摩擦力变化产生误差

实施说明:

实施评价	班级		第 组	组长签字	
	教师签字		日期		
	评语:				

处理实验数据的检查单

学习场一	基础实验			
学习情境(一)	探究小车速度随时间变化的规律			
学时	0.1 学时			
典型工作过程描述	处理实验数据			
序号	检查项目	检查标准	学生自查	教师检查
1	求瞬时速度、加速度	正确处理数据,求出瞬时速度、加速度		
2	判断小车运动状态	图像法判断物体是否做匀变速直线运动		

检查评价	班级		第 组	组长签字	
	教师签字		日期		
	评语:				

处理实验数据的评价单

学习场一	基础实验			
学习情境(一)	探究小车速度随时间变化的规律			
学时	0.1 学时			
典型工作过程描述	处理实验数据			
评价项目	评价子项目	学生自评	组内评价	教师评价
瞬时速度、加速度	正确处理数据,求出瞬时速度、加速度			
判断小车的运动状态	用图像法判断物体是否做匀变速直线运动			
最终结果				
评价	班级　　　　　　第　　组　　　组长签字 教师签字　　　　　日期 评语:			

21

学习情境（二）　探究加速度与力、质量的关系

探究加速度与力、质量的关系的辅助表单

学习性工作任务单

学习场一	基础实验
学习情境（二）	探究加速度与力、质量的关系
学时	0.3 学时
典型工作过程描述	预习实验背景—推导实验原理—制订实验步骤—进行实验操作—处理实验数据
学习目标	典型工作环节(1)预习实验背景的学习目标 ①了解质量的测量工具和实用操作方法。 ②安全操作打点计时器,处理纸带数据,并通过打点计算加速度。 ③掌握平衡摩擦力的方法。 典型工作环节(2)推导实验原理的学习目标 ①知道控制变量法应用:如何确定 3 个物理量间的关系。 ②知道变量具有线性关系的图像。 ③掌握由成正比化为等式时,系数的确定及其计算方法。 典型工作环节(3)制订实验步骤的学习目标 ①控制 m,分析加速度与拉力的关系。 ②F 一定时,分析加速度与车质量的变化关系。 典型工作环节(4)进行实验操作的学习目标 ①组装实验仪器。 ②平衡摩擦力。 ③保持小车质量不变,得到至少 6 条不同外力的纸带,并记录相应外力。 ④保持外力不变,得到至少 6 条不同质量的纸带,并记录相应质量。 ⑤整理实验器材。 典型工作环节(5)处理实验数据的学习目标 ①处理质量不变时的 6 条纸带,求出各纸带加速度,将数据填写到 a 与 F 的关系表格中,用 Excel 和描点法探究 a 与 F 的关系。 ②处理外力不变时的 6 条纸带,求出各纸带加速度,将数据填写到 a 与 m 的关系表格中,用 Excel 和描点法探究 a 与 m 的关系

任务描述	根据实验要求设计实验(实验表格设计、仪器选择和使用、步骤设计)；制订实验方案(平衡摩擦力,控制变量法探究加速度与力、质量的关系)；物理量的测量(质量、外力、加速度计算)；实验数据的分析和处理(根据纸带求加速度,Excel 线性、反比关系图像)；收获和评价
学时安排	资讯 0.5 学时　计划 0.5 学时　决策 0.5 学时　实施 0.5 学时　检查 0.5 学时　评价 0.5 学时
对学生的要求	①经历探究加速度与力、质量的关系的设计过程,能够依据要求进行实验设计,学会选择合理的实验方案进行探究实验。 ②经历用图像处理数据的过程,从图像中发现物理规律,培养学生收集信息、获取证据的能力。 ③经历实验操作和测量的过程,知道如何平衡摩擦力、减小系统误差等操作方法,体会探究过程的科学性和严谨性,培养与人合作、学会分享的团队精神
参考资料	高中物理必修教材

材料工具清单

学习场一	基础实验					
学习情境（二）	探究加速度与力、质量的关系					
学时	0.2 学时					
典型工作过程描述	预习实验背景—推导实验原理—制订实验步骤—进行实验操作—处理实验数据					
序号	名称	作用	数量	型号	使用量	使用者
1	打点计时器		1			
2	纸带		10			
3	复写纸		2			
4	小车和砝码		1＋5			
5	细绳		2			
6	一端附有定滑轮的长木板		1			
7	刻度尺		1			
8	低压交流电源		1			
9	钩码		5			
10	导线		2			
11	天平		1			
12	测力计		1			
班级		第　　组	组长签字			
教师签字		日期				

教师实施计划单

学习场一	基础实验				
学习情境（二）	探究加速度与力、质量的关系				
学时	0.1 学时				
典型工作过程描述	预习实验背景—推导实验原理—制订实验步骤—进行实验操作—处理实验数据				
序号	工作与学习步骤	学时	使用工具	地点	方式	备注
1	预习实验背景	0.6	实验仪器	实验室	实操	
2	推导实验原理	0.6	实验仪器	实验室	实操	
3	制订实验步骤	0.6	实验仪器	实验室	实操	
4	进行实验操作	0.6	实验仪器	实验室	实操	
5	处理实验数据	0.6	实验仪器	实验室	实操	
班级		教师签字		日期	

分组单

学习场一	基础实验			
学习情境（二）	探究加速度与力、质量的关系			
学时	0.1 学时			
典型工作过程描述	预习实验背景—推导实验原理—制订实验步骤—进行实验操作—处理实验数据			
	组别	组长	组员	
分组情况	1			
	2			
	3			
	4			
分组说明				
班级		教师签字		日期

教学反馈单

学习场一	基础实验		
学习情境(二)	探究加速度与力、质量的关系		
学时	0.1学时		
典型工作过程描述	预习实验背景—推导实验原理—制订实验步骤—进行实验操作—处理实验数据		
调查项目	序号	调查内容	理由描述
	1	能否正确设计实验并制订实验步骤	
	2	能否用斜面法平衡好摩擦力	
	3	运用控制变量法探究出加速度与力、质量的关系	
	4	a-F、a-$\dfrac{1}{m}$图为倾斜直线	

您对本次课程教学的改进意见是：

调查信息	被调查人姓名		调查日期	

成绩报告单

学习场一	基础实验			
学习情境(二)	探究加速度与力、质量的关系			
学时	0.1学时			
姓名			班级	
分数 (总分100分)	自评20%	互评20%	教师评60%	总分
教师签字			日期	

典型工作环节（1） 预习实验背景

预习实验背景的资讯单

学习场一	基础实验
学习情境（二）	探究加速度与力、质量的关系
学时	0.1 学时
典型工作过程描述	预习实验背景—推导实验原理—制订实验步骤—进行实验操作—处理实验数据
搜集资讯的方式	线下书籍及线上资源相结合
资讯描述	①回顾打点计时器的构造及工作原理。 ②斜面物体平衡条件下受力分析，思考如何平衡摩擦力。 ③用 $a\text{-}F$、$a\text{-}\frac{1}{m}$ 图进行实验数据分析，a 与 m 成反比时如何用线性图表示。 ④天平的使用方法
对学生的要求	预习利用打点计时器、天平等来探究加速度与力、质量的关系
参考资料	高中物理必修教材

预习实验背景的计划单

学习场一	基础实验		
学习情境（二）	探究加速度与力、质量的关系		
学时	0.1 学时		
典型工作过程描述	预习实验背景		
计划制订的方式	小组讨论		
序号	工作步骤		注意事项
1	预习打点计时器的使用方法		
2	预习天平的使用方法		
3	斜面物体的平衡，探讨如何平衡摩擦力，并进行实验设计		
4	预习用图像描述正比、反比关系		

计划评价	班级		第 组	组长签字	
	教师签字		日期		
	评语：				

预习实验背景的决策单

学习场一	基础实验
学习情境（二）	探究加速度与力、质量的关系
学时	0.1学时
典型工作过程描述	预习实验背景

计划对比

序号	可行性	经济性	可操作性	实施难度	综合评价
1					
2					
3					
N					

决策评价	班级		第　　组	组长签字	
	教师签字		日期		
	评语：				

预习实验背景的实施单

学习场一	基础实验
学习情境（二）	探究加速度与力、质量的关系
学时	0.1学时
典型工作过程描述	预习实验背景

序号	实施步骤	注意事项
1	回顾打点计时器的构造及工作原理，如图所示 （a）电磁打点计时器　（b）电火花打点计时器 电磁打点计时器是一种使用交流电源的计时仪器，其工作电压小于6 V，一般为4~6 V，电源的频率是50 Hz，每隔0.02 s打一次点，即1 s打50个点。 电火花打点计时器是利用火花放电在纸带上打出墨迹而显示出点迹的计时仪器，使用220 V交流电压，当频率为50 Hz时，它每隔0.02 s打一次点。电火花计时器工作时，纸带运动所受到的阻力比较小，它比电磁打点计时器实验误差小。 电火花打点原理：交流电的电压大小会周期性改变，当电压值达到较大时（一般认为是最大时），就会放出电火花，于是电火花会周期性出现，由于纸张不导电，所以不能将电火花吸引在纸面上，而作为导体的碳膜就起"引雷"的作用，将印记"打"在纸带上	

续表

序号	实施步骤	注意事项
2	预习天平的使用和读数 ①天平放置于水平桌台上,使用前将游码移至称量标尺左端的零刻线处[图(a)]。 ②调节横梁上的平衡螺母,使指针指在分度盘的中央刻线处,这时横梁平衡,调节平衡螺母的方法,可归结为螺母反指针[图(b)]。 ③称量时,把被测物体放在左盘中,估测被测物体质量后,用镊子放置相应大小的砝码,并调节游标至天平平衡[图(c)]。 ④右盘砝码的质量加上游码标尺上的度数就是被测物体的质量[图(d)]。 ⑤测量完毕,把被测物体取下,砝码放回盒中,游码拨回标尺零刻度线处[图(e)] (a)　　(b)　　(c) (d)　　(e)	
3	探讨、判别平衡态条件并进行实验设计	斜面物体平衡态受力分析。 如何通过纸带判断摩擦力已平衡
4	运用 a-F、a-$\dfrac{1}{m}$ 图进行实验数据分析	通过 Excel 图像拟合工具进行线性拟合;反比可以通过取倒数进行线性拟合

实施说明:

实施评价

班级		第　　组	组长签字	
教师签字		日期		
评语:				

预习实验背景的检查单

学习场一	基础实验			
学习情境（二）	探究加速度与力、质量的关系			
学时	0.1 学时			
典型工作过程描述	预习实验背景			
序号	检查项目	检查标准	学生自查	教师检查
1	了解打点计时器	掌握打点计时器的原理		
2	天平的使用和读数	按天平的使用规范标准检查		
3	通过斜面平衡摩擦力的原理及判别	①受力分析各力方向正确。②纸带打点均匀		
4	a-F、a-$\frac{1}{m}$图数据分析	$a \propto F$；$a \propto \frac{1}{m}$，所描点成一直线		

检查评价	班级		第　　组	组长签字	
	教师签字		日期		
	评语：				

预习实验背景的评价单

学习场一	基础实验			
学习情境（二）	探究加速度与力、质量的关系			
学时	0.1 学时			
典型工作过程描述	预习实验背景			
评价项目	评价子项目	学生自评	组内评价	教师评价
了解打点计时器	掌握打点计时器的原理			
天平的使用	掌握天平的使用步骤及要点			
平衡摩擦力	可以利用纸带求出速度			
a-F-a-$\frac{1}{m}$图数据分析	可以判断加速度与力成正比、与质量成反比的关系			
最终结果				

评价	班级		第　　组	组长签字	
	教师签字		日期		
	评语：				

典型工作环节（2） 推导实验原理

推导实验原理的资讯单

学习场一	基础实验
学习情境（二）	探究加速度与力、质量的关系
学时	0.1 学时
典型工作过程描述	预习实验背景—推导实验原理—制订实验步骤—进行实验操作—处理实验数据
搜集资讯的方式	线下书籍及线上资源相结合
资讯描述	①推导实验原理，加速度公式 $$a = \frac{a_1 + a_2 + a_3}{3} = \frac{x_4 + x_5 + x_6 - (x_1 + x_2 + x_3)}{9T^2}$$ ②摩擦力平衡后，匀速直线运动 $\Delta x = v\Delta t$ ③斜面物体正确受力分析，如图所示
对学生的要求	①利用纸带判断摩擦力已平衡。 ②利用纸带推导加速度公式
参考资料	高中物理必修教材

推导实验原理的计划单

学习场一	基础实验
学习情境（二）	探究加速度与力、质量的关系
学时	0.1 学时
典型工作过程描述	推导实验原理
计划制订的方式	小组讨论

序号	工作步骤	注意事项
1	斜面物体受力分析	
2	推导摩擦力平衡与纸带打点的规律	
3	判断小车做匀速直线运动	
4	推导小车加速度	
5	判断小车做匀加速直线运动	

计划评价	班级		第　　　组	组长签字	
	教师签字		日期		
	评语：				

推导实验原理的决策单

学习场一	基础实验			
学习情境（二）	探究加速度与力、质量的关系			
学时	0.1学时			
典型工作过程描述	推导实验原理			
计划对比				
序号	可行性	经济性	可操作性	实施难度	综合评价
1					
2					
3					
N					

决策评价	班级		第　　组	组长签字	
	教师签字		日期		
	评语：				

推导实验原理的实施单

学习场一	基础实验
学习情境（二）	探究加速度与力、质量的关系
学时	0.1学时
典型工作过程描述	推导实验原理

序号	实施步骤	注意事项
1	用斜面法平衡摩擦力,正确受力分析,如图所示 	各力方向正确,重力正确分解
2	判断物体运动状态的方法。 求相邻位移的 Δx,设相邻点之间的位移为 $x_1,x_2,x_3,\cdots$, T 是两个相邻计数点间的时间间隔	①若 $x_2 - x_1 = x_3 - x_2 = \cdots = x_n - x_{n-1} = 0$,则物体做匀速直线运动。 ②若 $x_2 - x_1 = x_3 - x_2 = \cdots = x_n - x_{n-1} =$ 恒量(非零),则物体做匀变速直线运动

续表

序号	实施步骤	注意事项
3	求物体加速度的方法。 ①逐差法:若纸带上有相邻的 6 个计数点,相邻的位移为 $x_1, x_2, \cdots, x_6$,则 $a_1 = \dfrac{x_4 - x_1}{3T^2}, a_2 = \dfrac{x_5 - x_2}{3T^2}, a_3 = \dfrac{x_6 - x_3}{3T^2}$, $a = \dfrac{a_1 + a_2 + a_3}{3} = \dfrac{x_4 + x_5 + x_6 - (x_1 + x_2 + x_3)}{9T^2}$ ②图像法:由"平均速度法"求出多个点的速度,作出 v-t 图,图线的斜率即为物体运动的加速度	①逐差法:读取数据单位是否正确。 ②图像法:图线的斜率是否为直线

实施说明:					

实施评价	班级		第 组		组长签字	
	教师签字			日期		
	评语:					

推导实验原理的检查单

学习场一	基础实验
学习情境(二)	探究加速度与力、质量的关系
学时	0.1 学时
典型工作过程描述	推导实验原理

序号	检查项目	检查标准	学生自查	教师检查
1	用斜面法平衡摩擦力,受力分析正确	各力方向正确,重力正交分解正确		
2	摩擦力已平衡的纸带打点是否均匀	相同时间位移相等,物体做匀速直线运动,受力平衡,即证明摩擦力已平衡		
3	推导小车速度的变化规律	推导出匀变速直线运动中速度随时间变化的规律		

检查评价	班级		第 组		组长签字	
	教师签字			日期		
	评语:					

推导实验原理的评价单

学习场一	基础实验			
学习情境（二）	探究加速度与力、质量的关系			
学时	0.1学时			
典型工作过程描述	推导实验原理			
评价项目	评价子项目	学生自评	组内评价	教师评价
用斜面法平衡摩擦力	正确地受力分析和正交分解			
平衡摩擦力方法有效	用斜面法平衡摩擦力的原理及判别			
推导小车速度的变化规律	推导出匀变速直线运动中速度随时间变化的规律			
最终结果				

评价	班级		第　　组	组长签字	
	教师签字		日期		
	评语：				

典型工作环节（3）　制订实验步骤

制订实验步骤的资讯单

学习场一	基础实验
学习情境（二）	探究加速度与力、质量的关系
学时	0.1学时
典型工作过程描述	制订实验步骤
搜集资讯的方式	线下书籍及线上资源相结合
资讯描述	①依据所求物理量，设计实验并制订实验步骤。 ②学会用打过点的纸带研究物体的运动。 ③会构造斜面平衡摩擦力。 ④利用控制变量法探究多个物理量间的关系
对学生的要求	设计实验，制订正确、有序的实验步骤
参考资料	高中物理必修教材

制订实验步骤的计划单

学习场一	基础实验
学习情境（二）	探究加速度与力、质量的关系
学时	0.1 学时
典型工作过程描述	制订实验步骤
计划制订的方式	小组讨论

序号	工作步骤	注意事项
1	设计实验并制订实验步骤	
2	用纸带获得物体的加速度	
3	用天平测质量	
4	通过斜面平衡摩擦力	
5	利用控制变量法探究多个物理量间的关系	

计划评价	班级		第　组	组长签字	
	教师签字		日期		
	评语：				

制订实验步骤的决策单

学习场一	基础实验
学习情境（二）	探究加速度与力、质量的关系
学时	0.1 学时
典型工作过程描述	制订实验步骤

计划对比

序号	可行性	经济性	可操作性	实施难度	综合评价
1					
2					
3					
N					

决策评价	班级		第　组	组长签字	
	教师签字		日期		
	评语：				

制订实验步骤的实施单

学习场一	基础实验
学习情境（二）	探究加速度与力、质量的关系
学时	0.1学时
典型工作过程描述	制订实验步骤

序号	实施步骤	注意事项
1	天平测物体质量,分5步完成 ①天平放置于水平桌台上,使用前将游码移至称量标尺左端的零刻线处。 ②调节横梁上的平衡螺母,使指针指在分度盘的中央刻线处,这时横梁平衡,调节平衡螺母的方法,可归结为螺母反指针。 ③称量时,把被测物体放在左盘中,估测被测物体质量后,用镊子放置相应大小的砝码,并调节游标至天平平衡。 ④右盘砝码的质量加上游标尺上的度数就是被测物体的质量。 ⑤测量完毕,把被测物体取下,砝码放回盒中,游码拨回标尺零刻度线处	
2	平衡摩擦力,分2步 ①受力分析。 ②判断是否平衡	
3	控制质量不变,测量加速度与外力关系通过纸带获得各加速度值,6组外力	
4	控制外力不变,测量加速度与质量的关系。通过纸带获得各加速度值,6组质量,如图所示 	
5	画出 a 与 F、a 与 $1/m$ 的图像	
6	得出加速度与外力、质量的关系	
7	整理实验器材	

实施说明:

实施评价	班级		第　　　组		组长签字	
	教师签字		日期			
	评语:					

制订实验步骤的检查单

学习场一	基础实验			
学习情境（二）	探究加速度与力、质量的关系			
学时	0.1 学时			
典型工作过程描述	制订实验步骤			
序号	检查项目	检查标准	学生自查	教师检查
1	制订实验步骤	正确、有序地设计实验步骤		
2	用纸带获取物体的加速度	利用瞬时速度、加速度判断小车的运动规律		
3	用天平测质量	5 步操作规范		
4	利用控制变量法探究加速度与力、质量的关系	正确标注外力、质量等物理量,物体做匀变速直线运动		

检查评价	班级		第　组		组长签字	
	教师签字		日期			
	评语：					

制订实验步骤的评价单

学习场一	基础实验			
学习情境（二）	探究加速度与力、质量的关系			
学时	0.1 学时			
典型工作过程描述	制订实验步骤			
评价项目	评价子项目	学生自评	组内评价	教师评价
制订实验步骤	正确、有序地设计实验步骤			
用天平秤物体质量	步骤规范			
用纸带研究物体的加速度	正确标注外力、质量等物理量,物体做匀变速直线运动			
最终结果				

评价	班级		第　组		组长签字	
	教师签字		日期			
	评语：					

典型工作环节(4) 进行实验操作

进行实验操作的资讯单

学习场一	基础实验
学习情境(二)	探究加速度与力、质量的关系
学时	0.1学时
典型工作过程描述	进行实验操作
搜集资讯的方式	线下书籍及线上资源相结合
资讯描述	①练习使用天平。 ②练习使用打点计时器,学会用打过点的纸带研究物体的运动。 ③熟练进行实验操作,掌握判断物体是否做匀速直线运动、匀变速直线运动的方法
对学生的要求	按正确的实验步骤完成实验
参考资料	高中物理必修教材

进行实验操作的计划单

学习场一	基础实验		
学习情境(二)	探究加速度与力、质量的关系		
学时	0.1学时		
典型工作过程描述	进行实验操作		
计划制订的方式	小组讨论		
序号	工作步骤	注意事项	
1	明确实验要测量的物理量		
2	准备连接调试实验仪器		
3	按照实验步骤进行实验		
计划评价	班级 第 组 组长签字 教师签字 日期 评语:		

进行实验操作的决策单

学习场一	基础实验
学习情境(二)	探究加速度与力、质量的关系
学时	0.1 学时
典型工作过程描述	进行实验操作

计划对比					
序号	可行性	经济性	可操作性	实施难度	综合评价
1					
2					
3					
N					

决策评价	班级		第 组		组长签字	
	教师签字		日期			
	评语:					

进行实验操作的实施单

学习场一	基础实验
学习情境(二)	探究加速度与力、质量的关系
学时	0.1 学时
典型工作过程描述	进行实验操作

序号	实施步骤	注意事项
1	天平测小车、砝码质量 ①天平放置于水平桌台上,使用前将游码移至称量标尺左端的零刻线处[图(a)]。 ②调节横梁上的平衡螺母,使指针指在分度盘的中央刻线处,这时横梁平衡,调节平衡螺母的方法,可归结为螺母反指针[图(b)]。 ③称量时,把被测物体放在左盘中,估测被测物体的质量后,用镊子放置相应大小的砝码,并调节游标至天平平衡[图(c)]。 ④右盘砝码的质量加上游码标尺上的度数就是被测物体的质量[图(d)]。 ⑤测量完毕,把被测物体取下,砝码放回盒中,游码拨回标尺零刻度线处预习天平使用和读数[图(e)] (a)　　　　(b)　　　　(c) (d)　　　　(e)	

续表

序号	实施步骤	注意事项
2	把一端附有定滑轮的长木板平放在实验桌上,并使滑轮伸出桌面,把打点计时器固定在长木板上没有滑轮的一端,连接好电路;改变垫板的位置,使小车保持平衡状态,使打点均匀分布在纸带上,再把一条细绳拴在小车上,细绳跨过滑轮,保持小车质量不变,下边挂上合适的钩码,把纸带穿过打点计时器,并把它的一端固定在小车的后面。实验装置如图所示	平衡摩擦力:给小车一个初速度,纸带的点均匀分布,可确定已平衡好摩擦力
3	纸带穿过打点计时器,并把它的一端固定在小车的后面,再把一条细绳拴在小车上,细绳跨过滑轮,实验装置如图所示	
4	把小车停在靠近打点计时器处,接通电源后,放开小车,让小车拖着纸带运动,打点计时器就在纸带上打下一系列点,保持小车质量不变,改变钩码的个数,得到至少5条纸带并标记	纸带选取:选择一条点迹清晰的纸带,舍弃点迹密集部分,适当选取计数点
5	用 Excel 和描点法开展 a 与 F 的关系实验研究	Excel 表格法拟合关系和描点法作图。准确作图:在坐标纸上,纵、横轴选取合适的单位,仔细描点连线,不能连成折线,应作一条直线,让各点尽量落在这条直线上,不在直线上的各点应均匀分布在直线的两侧
6	把小车停在靠近打点计时器处,接通电源后,放开小车,让小车拖着纸带运动,打点计时器就在纸带上打下一系列点,保持钩码的个数不变,通过增加砝码改变小车质量,得到至少5条纸带并标记	纸带选取:选择一条点迹清晰的纸带,舍弃点迹密集部分,适当选取计数点

续表

序号	实施步骤	注意事项
7	用 Excel 和描点法开展 a 与 m 的关系实验研究	Excel 表格法拟合关系和描点法作图。准确作图:在坐标纸上,纵、横轴选取合适的单位,仔细描点连线,不能连成折线,应作一条直线,让各点尽量落在这条直线上,不在直线上的各点应均匀分布在直线的两侧
8	整理实验器材	

实施说明:

实施评价	班级		第 组		组长签字	
	教师签字		日期			
	评语:					

进行实验操作的检查单

学习场一	基础实验
学习情境(二)	探究加速度与力、质量的关系
学时	0.1 学时
典型工作过程描述	进行实验操作

序号	检查项目	检查标准	学生自查	教师检查
1	平衡摩擦力检查	纸带打点均匀		
2	是否正确处理数据	应用逐差法减小 a 计算误差		
3	a 与 F 关系表格数据完整	表格符合规范		
4	a 与 F 关系图分布合理,拟合直线准确	拟合曲线为倾斜直线		
5	a 与 m 关系表格数据完整	表格书写,设计规范		
6	a 与 m 关系图分布合理,拟合直线准确	a 与 $1/m$ 间的关系为线性关系		
7	是否整理实验器材	实验器材归位		

检查评价	班级		第 组		组长签字	
	教师签字		日期			
	评语:					

进行实验操作的评价单

学习场一	基础实验			
学习情境(二)	探究加速度与力、质量的关系			
学时	0.1 学时			
典型工作过程描述	进行实验操作			
评价项目	评价子项目	学生自评	组内评价	教师评价
平衡摩擦力	纸带打点均匀			
实验装置正确安装	垫板在打点计时器一侧,如图所示			
打点计时器使用规范	纸带与小车、打点计时器连接正确;接通电源,释放小车;取得数据后,先关电源,再取纸带,并纸带上标记外力和质量			
天平使用规范	按步骤规范使用天平			
测力计使用规范	测力计调零,平视读数			
最终结果				
评价	班级　　　　　第　　　组　　　组长签字			
	教师签字　　　　　　日期			
	评语:			

典型工作环节(5)　处理实验数据

处理实验数据的资讯单

学习场一	基础实验
学习情境(二)	探究加速度与力、质量的关系
学时	0.1 学时
典型工作过程描述	处理实验数据
搜集资讯的方式	线下书籍及线上资源相结合
资讯描述	①正确计算加速度 a。 ②a 与 F 数据表格和图像合理。 ③a 与 m 数据表格和图像合理
对学生的要求	能正确分析纸带,用图像法和逐差法处理实验数据
参考资料	高中物理必修教材

处理实验数据的计划单

学习场一	基础实验	
学习情境（二）	探究加速度与力、质量的关系	
学时	0.1 学时	
典型工作过程描述	处理实验数据	
计划制订的方式	小组讨论	
序号	工作步骤	注意事项
1	掌握实验原理	
2	测量出所需的实验数据	
3	处理实验数据，求出待求物理量	
4	验证实验规律	

	班级		第　　组	组长签字	
	教师签字		日期		
计划评价	评语：				

处理实验数据的决策单

学习场一	基础实验			
学习情境（二）	探究加速度与力、质量的关系			
学时	0.1 学时			
典型工作过程描述	处理实验数据			

			计划对比		
序号	可行性	经济性	可操作性	实施难度	综合评价
1					
2					
3					
N					

	班级		第　　组	组长签字	
	教师签字		日期		
决策评价	评语：				

处理实验数据的实施单

学习场一	基础实验	
学习情境(二)	探究加速度与力、质量的关系	
学时	0.1 学时	
典型工作过程描述	处理实验数据	
序号	实施步骤	注意事项
1	求物体加速度的方法 逐差法:若纸带上有相邻的 6 个计数点,相邻的位移为 x_1, x_2, $\cdots$, x_6,则 $a_1 = \dfrac{x_4 - x_1}{3T^2}$, $a_2 = \dfrac{x_5 - x_2}{3T^2}$, $a_3 = \dfrac{x_6 - x_3}{3T^2}$, $a = \dfrac{a_1 + a_2 + a_3}{3} = \dfrac{x_4 + x_5 + x_6 - (x_1 + x_2 + x_3)}{9T^2}$	计数点间距离测量应从所标出的 0,1,2,3,…中的 0 点开始,分别测 0:1,1:2,2:3,…之间的距离,然后计算0:1,1:2,2:3,…之间的距离分别表示为 x_1, x_2, x_3,…,这样可以减小因测量带来的偶然误差
2	整理加速度与外力数据表格	至少有 5 组数据
3	图像法:作出 a-F 图,图线为一条倾斜直线	剔除变异点,数据点不能过于密集,坐标标度合理
4	整理加速度与质量数据表格,并计算 1/m,填入表格	至少有 5 组数据
5	图像法:作出 a-1/m 图,图线为一条倾斜直线	剔除变异点,数据点不能过于密集,坐标标度合理

实施说明:

实施评价	班级		第　　组	组长签字	
	教师签字		日期		
	评语:				

处理实验数据的检查单

学习场一	基础实验			
学习情境(二)	探究加速度与力、质量的关系			
学时	0.1 学时			
典型工作过程描述	处理实验数据			
序号	检查项目	检查标准	学生自查	教师检查
1	加速度	正确处理数据,求出加速度		
2	加速度与外力数据表格	至少 5 组数据		
3	a-F 图	图线为一条倾斜直线,标度合理		
4	加速度与质量数据表格	至少 5 组数据		
5	a-1/m 图	图线为一条倾斜直线,标度合理		

检查评价	班级		第　　组	组长签字	
	教师签字		日期		
	评语:				

处理实验数据的评价单

学习场一	基础实验			
学习情境（二）	探究加速度与力、质量的关系			
学时	0.1 学时			
典型工作过程描述	处理实验数据			
评价项目	评价子项目	学生自评	组内评价	教师评价
加速度	正确处理数据，求出加速度			
判断加速度与外力的关系	图像法判断 $a \propto F$			
判断加速度与质量的关系	图像法判断 $a \propto 1/m$			
最终结果				
评价	班级		第　　　组	组长签字	
	教师签字		日期		
	评语：				

学习情境（三） 验证力的平行四边形定则

验证力的平行四边形定则的辅助表单

学习性工作任务单

学习场一	基础实验				
学习情境（三）	验证力的平行四边形定则				
学时	0.3学时				
典型工作过程描述	预习实验背景—推导实验原理—制订实验步骤—进行实验操作—处理实验数据				
学习目标	典型工作环节(1)预习实验背景的学习目标 ①猜想分力、合力遵循的关系。 ②预习应用作图法处理实验数据并得出结论。 典型工作环节(2)推导实验原理的学习目标 ①探究用互成角度的两个力验证力的平行四边形定则的方法。 ②学习分力与合力作用效果相同的等效思想。 典型工作环节(3)制订实验步骤的学习目标 ①依据所求物理量,设计实验并制订实验步骤。 ②制订互成角度的两个力验证力的平行四边形定则的步骤。 典型工作环节(4)进行实验操作的学习目标 ①组装实验仪器,有序进行实验操作。 ②重复实验3次,整理实验仪器。 典型工作环节(5)处理实验数据的学习目标 ①记录数据,明确分力大小、方向,画出平行四边形,与合力比较。 ②观察规律,作图法验证平行四边形定则				
任务描述	首先,学习根据实验要求设计实验、完成某种规律的探究方法;其次,使 F_1、F_2 的共同作用效果与另一个力 F' 的作用效果相同(橡皮条在某一方向伸长一定的长度),则 F' 就是力 F_1、F_2 的合力;再次,以 F_1、F_2 为邻边用平行四边形定则求出合力 F;最后,在实验误差允许范围内,F 与 F' 应该大小相等、方向相同				
学时安排	资讯0.5学时	计划0.5学时	决策0.5学时	实施0.5学时	检查0.5学时	评价0.5学时
对学生的要求	采用实验探究的学习方式,通过独立思考与分组讨论等过程,培养设计实验、动手操作及观察实验现象的能力,以及分析、综合、归纳的能力				
参考资料	高中物理必修教材				

材料工具清单

学习场一	基础实验					
学习情境（三）	验证力的平行四边形定则					
学时	0.2学时					
典型工作过程描述	预习实验背景—推导实验原理—制订实验步骤—进行实验操作—处理实验数据					
序号	名称	作用	数量	型号	使用量	使用者
1	方木板		1			
2	白纸		若干			
3	弹簧测力计		2			
4	橡皮条		1			
5	细绳套		2			
6	三角板		1			
7	刻度尺		1			
8	图钉		若干			
9	铅笔		1			
班级		第　　　组		组长签字		
教师签字		日期				

教师实施计划单

学习场一	基础实验				
学习情境（三）	验证力的平行四边形定则				
学时	0.1学时				
典型工作过程描述	预习实验背景—推导实验原理—制订实验步骤—进行实验操作—处理实验数据				
序号	工作与学习步骤	学时	使用工具	地点	方式	备注
1	预习实验背景	0.6	实验仪器	实验室	实操	
2	推导实验原理	0.6	实验仪器	实验室	实操	
3	制订实验步骤	0.6	实验仪器	实验室	实操	
4	进行实验操作	0.6	实验仪器	实验室	实操	
5	处理实验数据	0.6	实验仪器	实验室	实操	
班级		教师签字			日期	

分组单

学习场一	基础实验			
学习情境（三）	验证力的平行四边形定则			
学时	0.1学时			
典型工作过程描述	预习实验背景—推导实验原理—制订实验步骤—进行实验操作—处理实验数据			
分组情况	组别	组长	组员	
	1			
	2			
	3			
	4			
分组说明				
班级		教师签字		日期

教学反馈单

学习场一	基础实验		
学习情境（三）	验证力的平行四边形定则		
学时	0.1学时		
典型工作过程描述	预习实验背景—推导实验原理—制订实验步骤—进行实验操作—处理实验数据		
调查项目	序号	调查内容	理由描述
	1	能否熟练用等效思想比较分力与合力作用效果	
	2	能否正确设计实验并制订实验步骤	
	3	能否利用作图法验证力的平行四边形定则	
您对本次课程教学的改进意见是：			
调查信息	被调查人姓名		调查日期

成绩报告单

学习场一	基础实验			
学习情境（三）	验证力的平行四边形定则			
学时	0.1学时			
姓名			班级	
分数 （总分100分）	自评20%	互评20%	教师评60%	总分
教师签字		日期		

典型工作环节(1)　预习实验背景

预习实验背景的资讯单

学习场一	基础实验
学习情境(三)	验证力的平行四边形定则
学时	0.1 学时
典型工作过程描述	预习实验背景
搜集资讯的方式	线下书籍及线上资源相结合
资讯描述	①分力、合力遵循的关系。 ②应用作图法验证力的平行四边形定则
对学生的要求	预习利用作图法来探究分力与合力的关系
参考资料	高中物理必修教材

预习实验背景的计划单

学习场一	基础实验		
学习情境(三)	验证力的平行四边形定则		
学时	0.1 学时		
典型工作过程描述	预习实验背景		
计划制订的方式	小组讨论		
序号	工作步骤		注意事项
1	预习分力、合力遵循的关系		
2	预习等效思想的方法		
3	预习利用作图法来探究分力与合力的关系		
计划评价	班级	第　　组	组长签字
	教师签字	日期	
	评语:		

预习实验背景的决策单

学习场一	基础实验			
学习情境(三)	验证力的平行四边形定则			
学时	0.1学时			
典型工作过程描述	预习实验背景			

计划对比

序号	可行性	经济性	可操作性	实施难度	综合评价
1					
2					
3					
N					

决策评价	班级		第　　组		组长签字	
	教师签字		日期			
	评语：					

预习实验背景的实施单

学习场一	基础实验
学习情境(三)	验证力的平行四边形定则
学时	0.1学时
典型工作过程描述	预习实验背景

序号	实施步骤	注意事项
1	回顾力的三要素及猜想分力、合力的关系	力的三要素:力对物体的作用效果取决于力的大小、方向与作用点
2	利用作图法画出分力、合力	
3	验证力的平行四边形定则	大小:合力的大小是分力经过矢量的平行四边形运算法则得到的大小。 $\|F_1 - F_2\| \leq F_合 \leq F_1 + F_2$ 方向:合力的方向也是分力经过矢量的平行四边形运算法则得到的

实施说明：

实施评价	班级		第　　组		组长签字	
	教师签字		日期			
	评语：					

预习实验背景的检查单

学习场一	基础实验			
学习情境（三）	验证力的平行四边形定则			
学时	0.1学时			
典型工作过程描述	预习实验背景			
序号	检查项目	检查标准	学生自查	教师检查
1	了解力的三要素及等效思想	掌握分力、合力的关系		
2	画出分力、合力	可以利用作图法画出分力、合力		
3	平行四边形定则	可以验证力的平行四边形定则		
检查评价	班级		第　　组	组长签字	
	教师签字		日期		
	评语：				

预习实验背景的评价单

学习场一	基础实验			
学习情境（三）	验证力的平行四边形定则			
学时	0.1学时			
典型工作过程描述	预习实验背景			
评价项目	评价子项目	学生自评	组内评价	教师评价
了解力的三要素及等效思想	掌握分力、合力的关系			
画出分力、合力	可以利用作图法画出分力、合力			
平行四边形定则	可以验证力的平行四边形定则			
最终结果				
评价	班级		第　　组	组长签字	
	教师签字		日期		
	评语：				

典型工作环节（2）　推导实验原理

推导实验原理的资讯单

学习场一	基础实验
学习情境（三）	验证力的平行四边形定则
学时	0.1 学时
典型工作过程描述	推导实验原理
搜集资讯的方式	线下书籍及线上资源相结合
资讯描述	验证互成角度的两个共点力合成的平行四边形定则
对学生的要求	通过实验，培养学生严谨的科学态度，逐步养成用科学方法与科学知识理解和解决实际问题的习惯，提高科学素养。培养学生合作、交流的能力与团结协作的精神
参考资料	高中物理必修教材

推导实验原理的计划单

学习场一	基础实验	
学习情境（三）	验证力的平行四边形定则	
学时	0.1 学时	
典型工作过程描述	推导实验原理	
计划制订的方式	小组讨论	
序号	工作步骤	注意事项
1	用 F_1、F_2 与另一个力 F 拉伸到固定位置，两次作用效果相同	
2	用 F_1、F_2 做平行四边形，画图求合力	
3	验证力的平行四边形定则	

计划评价	班级		第　　组	组长签字	
	教师签字		日期		
	评语：				

推导实验原理的决策单

学习场一	基础实验				
学习情境(三)	验证力的平行四边形定则				
学时	0.1学时				
典型工作过程描述	推导实验原理				
计划对比					
序号	可行性	经济性	可操作性	实施难度	综合评价
1					
2					
3					
N					
决策评价	班级		第　组		组长签字	
	教师签字		日期			
	评语:					

推导实验原理的实施单

学习场一	基础实验	
学习情境(三)	验证力的平行四边形定则	
学时	0.1学时	
典型工作过程描述	推导实验原理	
序号	实施步骤	注意事项
1	橡皮条一端固定,用互成角度的两个力 F_1、F_2 拉橡皮条,记下结点位置 O,结点受三个共点力作用处于平衡状态,则 F_1、F_2 的合力必与橡皮条拉力平衡,如图所示	
2	改用一个拉力 F',使结点仍到达 O 点,则 F' 必与 F_1、F_2 的合力等效	
3	以 F_1、F_2 为邻边作平行四边形求出合力 F,比较 F' 与 F 的大小和方向,以验证互成角度的两个力合成时的平行四边形定则	
实施说明:		
实施评价	班级		第　组		组长签字	
	教师签字		日期			
	评语:				

推导实验原理的检查单

学习场一	基础实验			
学习情境（三）	验证力的平行四边形定则			
学时	0.1学时			
典型工作过程描述	推导实验原理			
序号	检查项目	检查标准	学生自查	教师检查
1	画出分力、合力示意图	掌握利用等效思想判断分力、合力关系的方法		
2	探究平行四边形定则	验证互成角度的两个力合成时的平行四边形定则		
检查评价	班级		第　　组	组长签字	
	教师签字		日期		
	评语：				

推导实验原理的评价单

学习场一	基础实验			
学习情境（三）	验证力的平行四边形定则			
学时	0.1学时			
典型工作过程描述	推导实验原理			
评价项目	评价子项目	学生自评	组内评价	教师评价
画出分力、合力示意图	掌握利用等效思想判断分力、合力关系的方法			
探究平行四边形定则	验证互成角度的两个力合成时的平行四边形定则			
最终结果				
评价	班级		第　　组	组长签字	
	教师签字		日期		
	评语：				

典型工作环节(3) 制订实验步骤

制订实验步骤的资讯单

学习场一	基础实验
学习情境(三)	验证力的平行四边形定则
学时	0.1 学时
典型工作过程描述	制订实验步骤
搜集资讯的方式	线下书籍及线上资源相结合
资讯描述	①依据所求物理量,设计实验并制订实验步骤。 ②学会用作图法验证力的平行四边形定则
对学生的要求	设计实验,制订正确、有序的实验步骤
参考资料	高中物理必修教材

制订实验步骤的计划单

学习场一	基础实验		
学习情境(三)	验证力的平行四边形定则		
学时	0.1 学时		
典型工作过程描述	制订实验步骤		
计划制订的方式	小组讨论		
序号	工作步骤		注意事项
1	设计实验并制订实验步骤		
2	作图法画出分力、合力,验证力的平行四边形定则		

计划评价	班级		第 组	组长签字	
	教师签字		日期		
	评语:				

制订实验步骤的决策单

学习场一	基础实验				
学习情境（三）	验证力的平行四边形定则				
学时	0.1 学时				
典型工作过程描述	制订实验步骤				
计划对比					
序号	可行性	经济性	可操作性	实施难度	综合评价
1					
2					
3					
N					
决策评价	班级		第　　组		组长签字	
	教师签字		日期			
	评语：					

制订实验步骤的实施单

学习场一	基础实验	
学习情境（三）	验证力的平行四边形定则	
学时	0.1 学时	
典型工作过程描述	制订实验步骤	
序号	实施步骤	注意事项
1	安装好实验仪器，放置好木板、白纸、橡皮条、细绳套	
2	分别用一个和两个弹簧测力计通过细绳把橡皮条的结点拉到同样位置 O 点，如图所示	
3	记录 O 点位置和两条细绳套的方向，弹簧秤的读数。标记数据，改变两个分力的大小和夹角，再做 2 次实验	
4	验证力的平行四边形定则	

实施说明：

实施评价	班级		第　　组		组长签字	
	教师签字		日期			
	评语：					

制订实验步骤的检查单

学习场一	基础实验			
学习情境（三）	验证力的平行四边形定则			
学时	0.1 学时			
典型工作过程描述	制订实验步骤			
序号	检查项目	检查标准	学生自查	教师检查
1	制订实验步骤	正确、有序地设计实验步骤		
2	验证力的平行四边形定则	利用作图法判断分力与合力满足平行四边形定则		
检查评价	班级		第 组	组长签字	
	教师签字		日期		
	评语：				

制订实验步骤的评价单

学习场一	基础实验			
学习情境（三）	验证力的平行四边形定则			
学时	0.1 学时			
典型工作过程描述	制订实验步骤			
评价项目	评价子项目	学生自评	组内评价	教师评价
制订实验步骤	正确、有序地设计实验步骤			
验证力的平行四边形定则	利用作图法判断分力与合力满足平行四边形定则			
最终结果				
评价	班级		第 组	组长签字	
	教师签字		日期		
	评语：				

典型工作环节（4）　进行实验操作

进行实验操作的资讯单

学习场一	基础实验
学习情境（三）	验证力的平行四边形定则
学时	0.1 学时
典型工作过程描述	进行实验操作
搜集资讯的方式	线下书籍及线上资源相结合
资讯描述	①正确使用弹簧测力计。 ②掌握互成角度的两个共点力合成的平行四边形定则
对学生的要求	按正确的实验步骤完成实验
参考资料	高中物理必修教材

进行实验操作的计划单

学习场一	基础实验		
学习情境（三）	验证力的平行四边形定则		
学时	0.1 学时		
典型工作过程描述	进行实验操作		
计划制订的方式	小组讨论		
序号	工作步骤		注意事项
1	明确实验要测量的物理量		
2	准备连接调试实验仪器		
3	按照实验步骤进行实验		
计划评价	班级	第　　　组	组长签字
	教师签字	日期	
	评语：		

进行实验操作的决策单

学习场一	基础实验
学习情境(三)	验证力的平行四边形定则
学时	0.1 学时
典型工作过程描述	进行实验操作

计划对比					
序号	可行性	经济性	可操作性	实施难度	综合评价
1					
2					
3					
N					

决策评价	班级		第　　组		组长签字	
	教师签字			日期		
	评语:					

进行实验操作的实施单

学习场一	基础实验
学习情境(三)	验证力的平行四边形定则
学时	0.1 学时
典型工作过程描述	进行实验操作

序号	实施步骤	注意事项
1	仪器的安装:用图钉把白纸钉在水平桌面的方木板上。用图钉把橡皮条的一端固定在 A 点,橡皮条的另一端拴上两个细绳套	
2	①两力拉:用两个弹簧测力计分别钩住两个细绳套,互成角度地拉橡皮条,使橡皮条伸长,结点到达某一位置 O,如图所示。用铅笔描下结点 O 的位置和两条细绳套的方向,并记录弹簧测力计的读数。 ②一力拉:只用一个弹簧测力计,通过细绳套把橡皮条的结点拉到与前面相同的位置 O,记下弹簧测力计的读数和细绳套的方向	

序号	实施步骤	注意事项
3	作图:在白纸上按比例从 O 点开始作出两个弹簧测力计同时拉时弹簧测力计的拉力 F_1 和 F_2 的图示,利用刻度尺和三角板根据平行四边形定则求出合力 F,如图所示	
4	测量值:按同样的比例用刻度尺从 O 点起作出一个弹簧测力计拉橡皮条时拉力 F' 的图示	比较:比较 F' 与用平行四边形定则求得的合力 F 在实验误差允许的范围内是否相等
5	整理实验器材	

实施说明:

实施评价	班级		第　　组		组长签字	
	教师签字			日期		
	评语:					

进行实验操作的检查单

学习场一	基础实验
学习情境(三)	验证力的平行四边形定则
学时	0.1 学时
典型工作过程描述	进行实验操作

序号	检查项目	检查标准	学生自查	教师检查
1	使用弹簧测力计等实验操作	熟练使用仪器,有序进行实验操作		
2	用作图法研究分力、合力的关系	可以验证力的平行四边形定则		

检查评价	班级		第　　组		组长签字	
	教师签字			日期		
	评语:					

进行实验操作的评价单

学习场一	基础实验			
学习情境(三)	验证力的平行四边形定则			
学时	0.1 学时			
典型工作过程描述	进行实验操作			
评价项目	评价子项目	学生自评	组内评价	教师评价
使用弹簧测力计等实验操作	熟练使用仪器,有序进行实验操作			
用作图法研究分力、合力的关系	可以验证力的平行四边形定则			
最终结果				
评价	班级		第 组	组长签字
	教师签字		日期	
	评语:			

典型工作环节(5) 处理实验数据

处理实验数据的资讯单

学习场一	基础实验
学习情境(三)	验证力的平行四边形定则
学时	0.1 学时
典型工作过程描述	处理实验数据
搜集资讯的方式	线下书籍及线上资源相结合
资讯描述	①正确测量分力 F_1、F_2,合力 F。 ②利用两个共点力合成的平行四边形定则验证分力、合力的关系
对学生的要求	由作图法得到分力 F_1、F_2,合力 F 的关系
参考资料	高中物理必修教材

处理实验数据的计划单

学习场一	基础实验		
学习情境（三）	验证力的平行四边形定则		
学时	0.1 学时		
典型工作过程描述	处理实验数据		
计划制订的方式	小组讨论		
序号	工作步骤		注意事项
1	掌握实验原理		
2	测量所需的实验数据		
3	处理实验数据,求出待求物理量		
4	验证实验规律		
计划评价	班级		第　　组	组长签字	
	教师签字		日期		
	评语：				

处理实验数据的决策单

学习场一	基础实验			
学习情境（三）	验证力的平行四边形定则			
学时	0.1 学时			
典型工作过程描述	处理实验数据			
计划对比				
序号	可行性	经济性	可操作性	实施难度	综合评价
1					
2					
3					
N					
决策评价	班级		第　　组	组长签字	
	教师签字		日期		
	评语：				

处理实验数据的实施单

学习场一	基础实验
学习情境(三)	验证力的平行四边形定则
学时	0.1 学时
典型工作过程描述	处理实验数据

序号	实施步骤	注意事项
1	将两个弹簧测力计钩好后对拉,若两个弹簧测力计在拉的过程中,读数相同,则可选,若不同,应另换,直至相同为止。使用时,弹簧测力计应与板面平行	弹簧测力计在使用前要先校准零点,再用标准钩码检查是否准确,选择两个规格相同的弹簧测力计
2	在满足合力不超过弹簧测力计量程及橡皮条形变不超过弹性限度的条件下,应使拉力尽量大一些,以减小误差	作图时,铅笔尖要细,比例标度要尽量大些。要用严格的几何方法作出平行四边形,图旁边要有比例标度,图中应注明每个力的大小。F_1、F_2、F、F'的图示,应选定同一个比例标度
3	在同一实验中,橡皮条拉长到结点 O 的位置一定要相同。由作图法得到的 F 和实际测得的 F' 不可能完全重合,但只要在误差允许范围内就可认为 F 和 F' 等效	
4	整理实验器材,验证实验规律	

实施说明:

实施评价	班级		第　　组	组长签字	
	教师签字		日期		
	评语:				

处理实验数据的检查单

学习场一	基础实验			
学习情境(三)	验证力的平行四边形定则			
学时	0.1学时			
典型工作过程描述	处理实验数据			
序号	检查项目	检查标准	学生自查	教师检查
1	画出合力、分力	正确处理数据，判断合力、分力的关系		
2	明晰平行四边形定则	作图法验证力的平行四边形定则		
检查评价	班级		第　　组	组长签字	
	教师签字		日期		
	评语：				

处理实验数据的评价单

学习场一	基础实验			
学习情境(三)	验证力的平行四边形定则			
学时	0.1学时			
典型工作过程描述	处理实验数据			
评价项目	评价子项目	学生自评	组内评价	教师评价
画出合力、分力	正确处理数据，判断合力、分力的关系			
明晰平行四边形定则	作图法验证力的平行四边形定则			
最终结果				
评价	班级		第　　组	组长签字	
	教师签字		日期		
	评语：				

柳主动应用信息凡前式实验 (二)罗斯支学

学习情境(四) 验证机械能守恒定律

验证机械能守恒定律的辅助表单

学习性工作任务单

学习场一	基础实验
学习情境(四)	验证机械能守恒定律
学时	0.3 学时
典型工作过程描述	预习实验背景—推导实验原理—制订实验步骤—进行实验操作—处理实验数据
学习目标	典型工作环节(1)预习实验背景的学习目标 ①明确纸带的选取方法及测量瞬时速度的方法。 ②预习应用重物的自由下落验证机械能守恒定律。 典型工作环节(2)推导实验原理的学习目标 ①求出纸带某点的瞬时速度。 ②推导机械能守恒定律在本实验中的具体表达式。 典型工作环节(3)制订实验步骤的学习目标 ①依据所求物理量,设计实验并制订实验步骤。 ②制订验证机械能守恒定律的步骤。 典型工作环节(4)进行实验操作的学习目标 ①组装实验仪器,有序进行实验操作。 ②重复实验 3 次,整理实验仪器。 典型工作环节(5)处理实验数据的学习目标 ①记录数据,利用公式 $v_n = \dfrac{x_n + x_{n+1}}{2T}$,明确求出各点瞬时速度大小。 ②观察规律,验证机械能守恒定律
任务描述	首先,学习根据实验要求设计实验、完成某种规律的探究方法;其次,推导出机械能守恒定律表达式:$\dfrac{1}{2}mv_A^2 + mgh_A = \dfrac{1}{2}mv_B^2 + mgh_B$;再次,确定重物下落的高度 h,并求出某点的瞬时速度 v;最后,计算出任意点的重力势能和动能,从而验证机械能守恒定律

续表

学时安排	资讯 0.5 学时	计划 0.5 学时	决策 0.5 学时	实施 0.5 学时	检查 0.5 学时	评价 0.5 学时
对学生的要求	采用实验探究的学习方式，通过独立思考、分组讨论等过程，培养设计实验、动手操作、观察实验现象以及分析、综合、归纳的能力					
参考资料	高中物理必修教材					

材料工具清单

学习场一	基础实验					
学习情境（四）	验证机械能守恒定律					
学时	0.2 学时					
典型工作过程描述	预习实验背景—推导实验原理—制订实验步骤—进行实验操作—处理实验数据					
序号	名称	作用	数量	型号	使用量	使用者
1	重物		1			
2	打点计时器		1			
3	复写纸		若干			
4	低压电源		1			
5	铁架台和铁夹		1			
6	刻度尺		1			
7	小夹子		1			
8	纸带		若干			
9	导线		2			
班级		第 组		组长签字		
教师签字		日期				

教师实施计划单

学习场一	基础实验				
学习情境（四）	验证机械能守恒定律				
学时	0.1 学时				
典型工作过程描述	预习实验背景—推导实验原理—制订实验步骤—进行实验操作—处理实验数据				
序号	工作与学习步骤	学时	使用工具	地点	方式	备注
1	预习实验背景	0.6	实验仪器	实验室	实操	
2	推导实验原理	0.6	实验仪器	实验室	实操	
3	制订实验步骤	0.6	实验仪器	实验室	实操	
4	进行实验操作	0.6	实验仪器	实验室	实操	
5	处理实验数据	0.6	实验仪器	实验室	实操	
班级		教师签字		日期		

分组单

学习场一	基础实验		
学习情境（四）	验证机械能守恒定律		
学时	0.1 学时		
典型工作过程描述	预习实验背景—推导实验原理—制订实验步骤—进行实验操作—处理实验数据		
分组情况	组别	组长	组员
	1		
	2		
	3		
	4		
分组说明			
班级		教师签字	日期

教学反馈单

学习场一	基础实验		
学习情境（四）	验证机械能守恒定律		
学时	0.1 学时		
典型工作过程描述	预习实验背景—推导实验原理—制订实验步骤—进行实验操作—处理实验数据		
调查项目	序号	调查内容	理由描述
	1	能否熟练推导机械能守恒表达式	
	2	能否正确设计实验并制订实验步骤	
	3	能否利用纸带求得势能、动能，并验证机械能守恒定律	

您对本次课程教学的改进意见是：

调查信息	被调查人姓名		调查日期	

成绩报告单

学习场一	基础实验			
学习情境（四）	验证机械能守恒定律			
学时	0.1 学时			
姓名			班级	
分数 （总分100分）	自评20%	互评20%	教师评60%	总分
教师签字			日期	

典型工作环节(1)　预习实验背景

预习实验背景的资讯单

学习场一	基础实验
学习情境(四)	验证机械能守恒定律
学时	0.1学时
典型工作过程描述	预习实验背景
搜集资讯的方式	线下书籍及线上资源相结合
资讯描述	①明确纸带的选取方法及测量瞬时速度的方法。 ②预习应用重物的自由下落验证机械能守恒定律
对学生的要求	预习利用纸带求出某点动能、势能并验证机械能守恒定律
参考资料	高中物理必修教材

预习实验背景的计划单

学习场一	基础实验		
学习情境(四)	验证机械能守恒定律		
学时	0.1学时		
典型工作过程描述	预习实验背景		
计划制订的方式	小组讨论		
序号	工作步骤		注意事项
1	预习利用纸带测量某点瞬时速度的方法		
2	预习动能、势能的求法		
3	预习应用重物的自由下落验证机械能守恒定律		
计划评价	班级	第　　组	组长签字
	教师签字	日期	
	评语:		

预习实验背景的决策单

学习场一	基础实验
学习情境(四)	验证机械能守恒定律
学时	0.1 学时
典型工作过程描述	预习实验背景

计划对比

序号	可行性	经济性	可操作性	实施难度	综合评价
1					
2					
3					
N					

决策评价	班级		第　组	组长签字	
	教师签字		日期		
	评语：				

预习实验背景的实施单

学习场一	基础实验
学习情境(四)	验证机械能守恒定律
学时	0.1 学时
典型工作过程描述	预习实验背景

序号	实施步骤	注意事项
1	回顾测量纸带上某点瞬时速度方法	$\bar{v} = \dfrac{s}{t}$
2	求出任意点动能、势能	$\dfrac{1}{2}mv^2, mgh$
3	验证机械能守恒定律,如图所示 	$\dfrac{1}{2}mv_A^2 + mgh_A = \dfrac{1}{2}mv_B^2 + mgh_B$ 或 $\dfrac{1}{2}mv_B^2 - \dfrac{1}{2}mv_A^2 = mgh_A - mgh_B$

实施说明：

实施评价	班级		第　组	组长签字	
	教师签字		日期		
	评语：				

预习实验背景的检查单

学习场一	基础实验			
学习情境（四）	验证机械能守恒定律			
学时	0.1 学时			
典型工作过程描述	预习实验背景			
序号	检查项目	检查标准	学生自查	教师检查
1	了解纸带求某点瞬时速度的方法	掌握 $\bar{v}=\dfrac{s}{t}$		
2	某点动能、势能	可以利用纸带求出速度，测出高度，求出动能、势能数值		
3	机械能守恒定律	可以验证机械能守恒定律		
检查评价	班级		第 组	组长签字	
	教师签字		日期		
	评语：				

预习实验背景的评价单

学习场一	基础实验			
学习情境（四）	验证机械能守恒定律			
学时	0.1 学时			
典型工作过程描述	预习实验背景			
评价项目	评价子项目	学生自评	组内评价	教师评价
了解纸带求某点瞬时速度方法	掌握 $\bar{v}=\dfrac{s}{t}$			
某点动能、势能	可以利用纸带求出速度，测出高度，求出动能、势能数值			
机械能守恒定律	可以验证机械能守恒定律			
最终结果				
评价	班级		第 组	组长签字	
	教师签字		日期		
	评语：				

典型工作环节(2)　推导实验原理

推导实验原理的资讯单

学习场一	基础实验
学习情境(四)	验证机械能守恒定律
学时	0.1 学时
典型工作过程描述	推导实验原理
搜集资讯的方式	线下书籍及线上资源相结合
资讯描述	①推导机械能守恒定律表达式。 ②计算出任意点的重力势能和动能,从而验证机械能守恒定律
对学生的要求	探究重力势能的减少量为 mgh,动能的增加量为 $\frac{1}{2}mv^2$ 间的关系,验证机械能守恒定律
参考资料	高中物理必修教材

推导实验原理的计划单

学习场一	基础实验		
学习情境(四)	验证机械能守恒定律		
学时	0.1 学时		
典型工作过程描述	推导实验原理		
计划制订的方式	小组讨论		
序号	工作步骤		注意事项
1	求出各点的速度		$v_n = \dfrac{x_n + x_{n+1}}{2T}$
2	求出重力势能的减少量		mgh
3	计算出各段减少的重力势能和各段增加的动能是否相等。验证机械能守恒定律		

	班级		第　　组	组长签字	
计划评价	教师签字		日期		
	评语:				

推导实验原理的决策单

学习场一	基础实验			
学习情境（四）	验证机械能守恒定律			
学时	0.1学时			
典型工作过程描述	推导实验原理			
计划对比				
序号	可行性	经济性	可操作性	实施难度	综合评价
1					
2					
3					
N					

决策评价	班级		第　　组	组长签字	
	教师签字		日期		
	评语：				

推导实验原理的实施单

学习场一	基础实验
学习情境（四）	验证机械能守恒定律
学时	0.1学时
典型工作过程描述	推导实验原理

序号	实施步骤	注意事项
1	在只有重力做功的自由落体运动中,物体的重力势能和动能相互转化,但总的机械能保持不变。若物体某时刻瞬时速度为 v,下落高度为 h,则重力势能的减少量为 mgh,动能的增加量为 $\frac{1}{2}mv^2$	
2	计算打第 n 个点时速度的方法:测出第 n 个点与相邻前后点间的距离 x_n 和 x_{n+1},由公式 $v_n = \frac{x_n + x_{n+1}}{2T}$ 或 $v_n = \frac{h_{n+1} - h_{n-1}}{2T}$ 算出,如图所示 	
3	在只有重力做功的自由落体运动中,物体的重力势能和动能相互转化,但总的机械能保持不变,验证机械能守恒定律	看它们在实验误差允许的范围内是否相等,若相等,则验证了机械能守恒定律

实施说明：

实施评价	班级		第　　组	组长签字	
	教师签字		日期		
	评语：				

推导实验原理的检查单

学习场一	基础实验			
学习情境(四)	验证机械能守恒定律			
学时	0.1 学时			
典型工作过程描述	推导实验原理			
序号	检查项目	检查标准	学生自查	教师检查
1	纸带上某点动能、势能	利用公式求得动能、势能的具体数值		
2	机械能守恒定律	重力势能的减少量等于动能的增加量,验证机械能守恒定律		
检查评价	班级		第　　组	组长签字	
	教师签字		日期		
	评语:				

推导实验原理的评价单

学习场一	基础实验			
学习情境(四)	验证机械能守恒定律			
学时	0.1 学时			
典型工作过程描述	推导实验原理			
评价项目	评价子项目	学生自评	组内评价	教师评价
纸带上某点动能、势能	利用公式求得动能、势能的具体数值			
机械能守恒定律	重力势能的减少量等于动能的增加量,验证机械能守恒定律			
最终结果				
评价	班级		第　　组	组长签字	
	教师签字		日期		
	评语:				

典型工作环节(3) 制订实验步骤

制订实验步骤的资讯单

学习场一	基础实验
学习情境(四)	验证机械能守恒定律
学时	0.1 学时
典型工作过程描述	制订实验步骤
搜集资讯的方式	线下书籍及线上资源相结合
资讯描述	①依据所求物理量,设计实验并制订实验步骤。 ②学会用纸带求出任意点动能、势能,验证机械能守恒定律
对学生的要求	设计实验,制订正确、有序的实验步骤
参考资料	高中物理必修教材

制订实验步骤的计划单

学习场一	基础实验	
学习情境(四)	验证机械能守恒定律	
学时	0.1 学时	
典型工作过程描述	制订实验步骤	
计划制订的方式	小组讨论	
序号	工作步骤	注意事项
1	设计实验并制订实验步骤	
2	用纸带求出任意点动能、势能,验证机械能守恒定律	

计划评价	班级		第 组	组长签字	
	教师签字		日期		
	评语:				

制订实验步骤的决策单

学习场一	基础实验
学习情境(四)	验证机械能守恒定律
学时	0.1 学时
典型工作过程描述	制订实验步骤

计划对比

序号	可行性	经济性	可操作性	实施难度	综合评价
1					
2					
3					
N					

决策评价	班级			第 组	组长签字	
	教师签字			日期		
	评语:					

制订实验步骤的实施单

学习场一	基础实验
学习情境(四)	验证机械能守恒定律
学时	0.1 学时
典型工作过程描述	制订实验步骤

序号	实施步骤	注意事项
1	安装实验仪器,把打点计时器固定在铁架台上,用导线把打点计时器与学生电源连接好,如图所示 打点计时器 纸带 夹子 重物	

序号	实施步骤	注意事项
2	把纸带的一端用夹子固定在重物上,另一端穿过打点计时器的限位孔,用手竖直提起纸带使重物停靠在打点计时器附近	
3	接通电源,释放纸带,让重物自由下落	
4	重复步骤2、3,得到3～5条打点的纸带,如图所示。挑选一条点迹清晰的纸带,标上 0,1,2,3,…,用刻度尺测出对应的下落高度 $h_1,h_2,h_3,\cdots$	
5	验证机械能守恒定律	

实施说明:

实施评价	班级		第　　组	组长签字	
	教师签字		日期		
	评语:				

制订实验步骤的检查单

学习场一	基础实验
学习情境(四)	验证机械能守恒定律
学时	0.1学时
典型工作过程描述	制订实验步骤

序号	检查项目	检查标准	学生自查	教师检查
1	制订实验步骤	正确、有序地设计实验步骤		
2	验证机械能守恒定律	利用纸带求某点动能、势能,验证机械能守恒定律		

检查评价	班级		第　　组	组长签字	
	教师签字		日期		
	评语:				

制订实验步骤的评价单

学习场一	基础实验			
学习情境（四）	验证机械能守恒定律			
学时	0.1 学时			
典型工作过程描述	制订实验步骤			
评价项目	评价子项目	学生自评	组内评价	教师评价
制订实验步骤	正确、有序地设计实验步骤			
验证机械能守恒定律	利用纸带求某点动能、势能，验证机械能守恒定律			
最终结果				
评价	班级		第 组	组长签字	
	教师签字		日期		
	评语：				

典型工作环节（4）　进行实验操作

进行实验操作的资讯单

学习场一	基础实验
学习情境（四）	验证机械能守恒定律
学时	0.1 学时
典型工作过程描述	进行实验操作
搜集资讯的方式	线下书籍及线上资源相结合
资讯描述	①练习使用打点计时器，学会用打过点的纸带研究物体的运动。 ②掌握验证机械能守恒定律的实验过程
对学生的要求	按制订的实验步骤完成实验
参考资料	高中物理必修教材

进行实验操作的计划单

学习场一	基础实验			
学习情境（四）	验证机械能守恒定律			
学时	0.1 学时			
典型工作过程描述	进行实验操作			
计划制订的方式	小组讨论			
序号	工作步骤		注意事项	
1	明确实验要测量的物理量			
2	准备连接调试实验仪器			
3	按照实验步骤进行实验			
计划评价	班级		第　　组	组长签字	
	教师签字		日期		
	评语：				

进行实验操作的决策单

学习场一	基础实验			
学习情境（四）	验证机械能守恒定律			
学时	0.1 学时			
典型工作过程描述	进行实验操作			

计划对比

序号	可行性	经济性	可操作性	实施难度	综合评价
1					
2					
3					
N					
决策评价	班级		第　　组	组长签字	
	教师签字		日期		
	评语：				

进行实验操作的实施单

学习场一	基础实验
学习情境（四）	验证机械能守恒定律
学时	0.1 学时
典型工作过程描述	制订实验步骤

序号	实施步骤	注意事项
1	把打点计时器安装在铁架台上，用导线把打点计时器与学生电源连接好，把纸带的一端在重物上用夹子固定好，另一端穿过计时器限位孔，用手竖直提起纸带，使重物停在打点计时器附近，如图所示 	
2	接通电源，释放纸带，让重物带纸带自由下落，重复几次，得到 3~5 条打点的纸带	
3	在打出的纸带中挑选点迹清晰的，如图所示，且第 1,2 两打点间距离接近 2 mm 的纸带，在第一个打点上标出 0，从稍靠后的某点开始，依次标出 1,2,3,…，并量出各点到 0 的距离 $h_1,h_2,h_3,…$ 	

续表

序号	实施步骤	注意事项
4	利用公式 $v_n = \dfrac{h_{n+1} - h_{n-1}}{2T}$,计算出各点对应的瞬时速度,计算打各点时重力势能的减少量和动能的增减量,从而验证机械能守恒定律,如图所示	
5	整理实验器材	

实施说明:

实施评价	班级		第　　组		组长签字	
	教师签字		日期			
	评语:					

进行实验操作的检查单

学习场一	基础实验
学习情境(四)	验证机械能守恒定律
学时	0.1学时
典型工作过程描述	进行实验操作

序号	检查项目	检查标准	学生自查	教师检查
1	使用打点计时器等仪器进行实验操作	熟练使用仪器,有序进行实验操作		
2	用纸带求出任意点动能、势能	可以验证机械能守恒定律		

检查评价	班级		第　　组		组长签字	
	教师签字		日期			
	评语:					

进行实验操作的评价单

学习场一	基础实验			
学习情境（四）	验证机械能守恒定律			
学时	0.1 学时			
典型工作过程描述	进行实验操作			
评价项目	评价子项目	学生自评	组内评价	教师评价
使用打点计时器等仪器进行实验操作	熟练使用仪器,有序进行实验操作			
用纸带求出任意点动能、势能	可以验证机械能守恒定律			
最终结果				
评价	班级		第 组	组长签字
	教师签字		日期	
	评语:			

典型工作环节(5)　处理实验数据

处理实验数据的资讯单

学习场一	基础实验
学习情境（四）	验证机械能守恒定律
学时	0.1 学时
典型工作过程描述	处理实验数据
搜集资讯的方式	线下书籍及线上资源相结合
资讯描述	①用刻度尺测出对应下落高度 $h_1, h_2, h_3, \cdots$ ②利用公式 $v_n = \dfrac{h_{n+1} - h_{n-1}}{2T}$,计算出瞬时速度 $v_1, v_2, v_3, \cdots$ ③验证机械能守恒定律
对学生的要求	能正确分析纸带数据,根据 $gh_n = \dfrac{1}{2}v_n^2$,验证机械能守恒定律
参考资料	高中物理必修教材

处理实验数据的计划单

学习场一	基础实验				
学习情境（四）	验证机械能守恒定律				
学时	0.1 学时				
典型工作过程描述	处理实验数据				
计划制订的方式	小组讨论				
序号	工作步骤		注意事项		
1	掌握实验原理				
2	测量所需的实验数据				
3	处理实验数据，求出待求物理量				
4	验证实验规律				
计划评价	班级		第 组	组长签字	
	教师签字		日期		
	评语：				

处理实验数据的决策单

学习场一	基础实验			
学习情境（四）	验证机械能守恒定律			
学时	0.1 学时			
典型工作过程描述	处理实验数据			
计划对比				
序号	可行性	经济性	可操作性	实施难度	综合评价
1					
2					
3					
N					
决策评价	班级		第 组	组长签字	
	教师签字		日期		
	评语：				

处理实验数据的实施单

学习场一	基础实验
学习情境（四）	验证机械能守恒定律
学时	0.1 学时
典型工作过程描述	处理实验数据

序号	实施步骤	注意事项
1	在起始点标上 0，在以后各点依次标上 1，2，3，…用刻度尺测出对应下落高度 $h_1, h_2, h_3, \cdots$	打点计时器要稳定地固定在铁架台上，打点计时器平面与纸带限位孔调整在竖直方向，以减小摩擦阻力。测量下落高度时，要从第一个打点测起，并且各点对应下落高度要一次测定
2	利用公式 $v_n = \dfrac{h_{n+1} - h_{n-1}}{2T}$，计算出点 1、点 2、点 3 的瞬时速度 $v_1, v_2, v_3, \cdots$	应选用质量和密度较大的重物。增大重力可使阻力的影响相对减小；增大密度可以减小体积，可使空气阻力减小
3	把 h_n 和 v_n 分别代入 gh_n 和 $\dfrac{1}{2}v_n^2$，如果在误差允许的范围内，$gh_n = \dfrac{1}{2}v_n^2$，验证机械能守恒定律	无须测出物体质量，只需验证 $\dfrac{1}{2}v_n^2 = gh_n$，即可

实施说明：

实施评价	班级		第　　组		组长签字	
	教师签字		日期			
	评语：					

处理实验数据的检查单

学习场一	基础实验
学习情境（四）	验证机械能守恒定律
学时	0.1 学时
典型工作过程描述	处理实验数据

序号	检查项目	检查标准	学生自查	教师检查
1	求出任意点动能、势能	正确处理数据，求出动能、势能		
2	机械能守恒定律	利用纸带数据验证机械能守恒定律		

检查评价	班级		第　　组		组长签字	
	教师签字		日期			
	评语：					

处理实验数据的评价单

学习场一	基础实验			
学习情境(四)	验证机械能守恒定律			
学时	0.1 学时			
典型工作过程描述	处理实验数据			
评价项目	评价子项目	学生自评	组内评价	教师评价
求出任意点动能、势能	正确处理数据,求出动能、势能			
机械能守恒定律	利用纸带数据,验证机械能守恒定律			
最终结果				
评价	班级		第　　组	组长签字	
	教师签字		日期		
	评语:				

学习场二　　虚拟仿真实验

学习情境（一）　单摆法测量重力加速度

单摆法测量重力加速度的辅助表单

学习性工作任务单

学习场二	虚拟仿真实验
学习情境（一）	单摆法测量重力加速度
学时	0.3 学时
典型工作过程描述	预习实验背景—推导实验原理—制订实验步骤—进行实验操作—处理实验数据
学习目标	典型工作环节（1）预习实验背景的学习目标 ①预习单摆简谐振动的相关知识。 ②预习游标卡尺、螺旋测微器的使用方法。 典型工作环节（2）推导实验原理的学习目标 ①推导单摆周期公式。 ②推导重力加速度公式。 典型工作环节（3）制订实验步骤的学习目标 ①依据所求物理量，设计实验并制订实验步骤。 ②制订单摆法测量重力加速度的步骤。 典型工作环节（4）进行实验操作的学习目标 ①组装实验仪器，有序进行实验操作。 ②重复实验3次，整理实验仪器。 典型工作环节（5）处理实验数据的学习目标 ①记录数据，代入公式 $T = 2\pi\sqrt{\dfrac{l}{g}}$，$g = \dfrac{4\pi^2}{T^2}l$。 ②观察规律，求出重力加速度数值

续表

任务描述	首先,学习根据实验要求设计实验、完成某种规律的探究方法;其次,推导出单摆周期公式 $T=2\pi\sqrt{\dfrac{l}{g}}$,重力加速度公式 $g=\dfrac{4\pi^2}{T^2}l$;再次,运用米尺测量摆线长度,游标卡尺或螺旋测微器测量小球直径,秒表测周期;最后,处理数据,计算重力加速度数值				
学时安排	资讯 0.5 学时	计划 0.5 学时	决策 0.5 学时	实施 0.5 学时	检查 0.5 学时	评价 0.5 学时
对学生的要求	①用误差均分原理设计单摆装置,测量重力加速度 g。②对重力加速度 g 的测量结果进行误差分析和数据处理,检验实验结果是否达到设计要求				
参考资料	高中物理必修教材				

材料工具清单

学习场二	虚拟仿真实验				
学习情境(一)	单摆法测量重力加速度				
学时	0.2 学时				
典型工作过程描述	预习实验背景—推导实验原理—制订实验步骤—进行实验操作—处理实验数据				
序号	名称	作用	数量	型号	使用量	使用者
1	单摆仪		1			
2	钢球		1			
3	游标卡尺		1			
4	秒表		1			
5	刻度尺		1			
班级		第 组		组长签字		
教师签字		日期				

教师实施计划单

学习场二	虚拟仿真实验				
学习情境(一)	单摆法测量重力加速度				
学时	0.1 学时				
典型工作过程描述	预习实验背景—推导实验原理—制订实验步骤—进行实验操作—处理实验数据				
序号	工作与学习步骤	学时	使用工具	地点	方式	备注
1	预习实验背景	0.6	实验仪器	实验室	实操	
2	推导实验原理	0.6	实验仪器	实验室	实操	
3	制订实验步骤	0.6	实验仪器	实验室	实操	
4	进行实验操作	0.6	实验仪器	实验室	实操	
5	处理实验数据	0.6	实验仪器	实验室	实操	
班级		教师签字			日期	

分组单

学习场二	虚拟仿真实验				
学习情境（一）	单摆法测量重力加速度				
学时	0.1 学时				
典型工作过程描述	预习实验背景—推导实验原理—制订实验步骤—进行实验操作—处理实验数据				
分组情况	组别	组长		组员	
	1				
	2				
	3				
	4				
分组说明					
班级		教师签字		日期	

教学反馈单

学习场二	虚拟仿真实验		
学习情境（一）	单摆法测量重力加速度		
学时	0.1 学时		
典型工作过程描述	预习实验背景—推导实验原理—制订实验步骤—进行实验操作—处理实验数据		
调查项目	序号	调查内容	理由描述
	1	能否推导单摆周期公式、重力加速度表达式	
	2	能否正确设计实验并制订实验步骤	
	3	能否利用单摆求得重力加速度	
您对本次课程教学的改进意见是：			
调查信息	被调查人姓名	调查日期	

成绩报告单

学习场二	虚拟仿真实验			
学习情境（一）	单摆法测量重力加速度			
学时	0.1 学时			
姓名		班级		
分数 （总分 100 分）	自评 20%	互评 20%	教师评 60%	总分
教师签字		日期		

典型工作环节（1） 预习实验背景

预习实验背景的资讯单

学习场二	虚拟仿真实验
学习情境（一）	单摆法测量重力加速度
学时	0.1 学时
典型工作过程描述	预习实验背景
搜集资讯的方式	线下书籍及线上资源相结合
资讯描述	①预习单摆简谐振动的相关知识。②预习游标卡尺、螺旋测微器的使用方法
对学生的要求	预习利用单摆求出重力加速度数值
参考资料	高中物理必修教材

预习实验背景的计划单

学习场二	虚拟仿真实验		
学习情境（一）	单摆法测量重力加速度		
学时	0.1 学时		
典型工作过程描述	预习实验背景		
计划制订的方式	小组讨论		
序号	工作步骤		注意事项
1	预习单摆简谐振动的知识		
2	预习游标卡尺、螺旋测微器的使用方法		
3	预习应用单摆求重力加速度的方法		
计划评价	班级	第　组	组长签字
	教师签字	日期	
	评语：		

预习实验背景的决策单

学习场二	虚拟仿真实验				
学习情境（一）	单摆法测量重力加速度				
学时	0.1学时				
典型工作过程描述	预习实验背景				
计划对比					
序号	可行性	经济性	可操作性	实施难度	综合评价
1					
2					
3					
N					
决策评价	班级		第　　　组		组长签字	
	教师签字		日期			
	评语：					

预习实验背景的实施单

学习场二	虚拟仿真实验	
学习情境（一）	单摆法测量重力加速度	
学时	0.1学时	
典型工作过程描述	预习实验背景	
序号	实施步骤	注意事项
1	回顾单摆简谐振动知识,推导周期、重力加速度公式,如图所示 $$T = 2\pi\sqrt{\dfrac{l}{g}}, g = \dfrac{4\pi^2}{T^2}l$$ 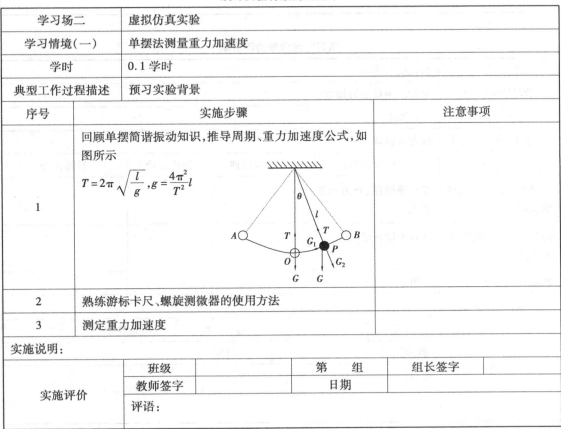	
2	熟练游标卡尺、螺旋测微器的使用方法	
3	测定重力加速度	
实施说明：		
实施评价	班级		第　　　组	组长签字	
	教师签字		日期		
	评语：				

预习实验背景的检查单

学习场二	虚拟仿真实验			
学习情境(一)	单摆法测量重力加速度			
学时	0.1 学时			
典型工作过程描述	预习实验背景			
序号	检查项目	检查标准	学生自查	教师检查
1	了解单摆简谐振动的知识	能推导周期、重力加速度公式		
2	游标卡尺、螺旋测微器的使用	测量小球的直径		
3	测定重力加速度	求出 g		
检查评价	班级		第　组	组长签字	
	教师签字		日期		
	评语:				

预习实验背景的评价单

学习场二	虚拟仿真实验			
学习情境(一)	单摆法测量重力加速度			
学时	0.1 学时			
典型工作过程描述	预习实验背景			
评价项目	评价子项目	学生自评	组内评价	教师评价
了解单摆简谐振动的知识	能推导周期、重力加速度公式			
游标卡尺、螺旋测微器的使用	测量小球直径			
测定重力加速度	求出 g			
最终结果				
评价	班级		第　组	组长签字	
	教师签字		日期		
	评语:				

典型工作环节（2）　推导实验原理

推导实验原理的资讯单

学习场二	虚拟仿真实验
学习情境（一）	单摆法测量重力加速度
学时	0.1 学时
典型工作过程描述	推导实验原理
搜集资讯的方式	线下书籍及线上资源相结合
资讯描述	①测量单摆周期公式为 $T = 2\pi\sqrt{\dfrac{l}{g}}$ ②通过测量周期 T，摆长 l，求重力加速度 $g = \dfrac{4\pi^2}{T^2}l$
对学生的要求	推导测定重力加速度公式，学习累积放大法的原理和应用
参考资料	高中物理必修教材

推导实验原理的计划单

学习场二	虚拟仿真实验		
学习情境（一）	单摆法测量重力加速度		
学时	0.1 学时		
典型工作过程描述	推导实验原理		
计划制订的方式	小组讨论		
序号	工作步骤		注意事项
1	推导单摆周期公式		$T = 2\pi\sqrt{\dfrac{l}{g}}, T = t/50$
2	推导测量重力加速度公式		$g = \dfrac{4\pi^2}{T^2}l$
计划评价	班级		第　　组　　组长签字
	教师签字		日期
	评语：		

推导实验原理的决策单

学习场二	虚拟仿真实验			
学习情境（一）	单摆法测量重力加速度			
学时	0.1 学时			
典型工作过程描述	推导实验原理			
计划对比				
序号	可行性	经济性	可操作性	实施难度	综合评价
1					
2					
3					
N					

决策评价	班级		第　　组		组长签字	
	教师签字		日期			
	评语：					

推导实验原理的实施单

学习场二	虚拟仿真实验	
学习情境（一）	单摆法测量重力加速度	
学时	0.1 学时	
典型工作过程描述	推导实验原理	
序号	实施步骤	注意事项
1	用一根绝对挠性且长度不变、质量可忽略不计的线悬挂一个质点，在重力作用下在铅垂平面内做周期运动，就成为单摆。单摆在摆角小于 5°（现在一般认为是小于 10°）的条件下振动时，可近似认为是简谐运动	而在实际情况下，一根不可伸长的细线，下端悬挂一个小球。当细线质量比小球的质量小很多，而且小球的直径又比细线的长度小很多时，此种装置近似为单摆
2	单摆周期满足下列公式： $T=2\pi\sqrt{\dfrac{l}{g}}$，进而可以推出 $g=\dfrac{4\pi^2}{T^2}l$	式中，l 为单摆长度（单摆长度是指上端悬挂点到球重心之间的距离）；g 为重力加速度。如果测量得出周期 T、单摆长度 l，利用公式可计算出当地的重力加速度 g。单摆摆过 50 个周期后停止计时，记录所用时间 t，$T=t/50$

实施说明：

实施评价	班级		第　　组		组长签字	
	教师签字		日期			
	评语：					

推导实验原理的检查单

学习场二	虚拟仿真实验			
学习情境（一）	单摆法测量重力加速度			
学时	0.1 学时			
典型工作过程描述	推导实验原理			
序号	检查项目	检查标准	学生自查	教师检查
1	推导周期公式	$T = 2\pi\sqrt{\dfrac{l}{g}}$		
2	推导重力加速度公式	$g = \dfrac{4\pi^2}{T^2}l$		
检查评价	班级		第　　组	组长签字	
	教师签字		日期		
	评语：				

推导实验原理的评价单

学习场二	虚拟仿真实验			
学习情境（一）	单摆法测量重力加速度			
学时	0.1 学时			
典型工作过程描述	推导实验原理			
评价项目	评价子项目	学生自评	组内评价	教师评价
推导周期公式	$T = 2\pi\sqrt{\dfrac{l}{g}}$			
推导重力加速度公式	$g = \dfrac{4\pi^2}{T^2}l$			
最终结果				
评价	班级		第　　组	组长签字	
	教师签字		日期		
	评语：				

典型工作环节(3)　制订实验步骤

制订实验步骤的资讯单

学习场二	虚拟仿真实验
学习情境(一)	单摆法测量重力加速度
学时	0.1 学时
典型工作过程描述	制订实验步骤
搜集资讯的方式	线下书籍及线上资源相结合
资讯描述	①依据所求物理量,设计实验并制订实验步骤。 ②制订单摆法测量重力加速度的步骤
对学生的要求	设计实验,制订正确、有序的实验步骤
参考资料	高中物理必修教材

制订实验步骤的计划单

学习场二	虚拟仿真实验			
学习情境(一)	单摆法测量重力加速度			
学时	0.1 学时			
典型工作过程描述	制订实验步骤			
计划制订的方式	小组讨论			
序号	工作步骤		注意事项	
1	设计实验并制订实验步骤			
2	用单摆测量周期,求出重力加速度			
计划评价	班级		第　　组	组长签字
	教师签字		日期	
	评语:			

制订实验步骤的决策单

学习场二	虚拟仿真实验				
学习情境（一）	单摆法测量重力加速度				
学时	0.1 学时				
典型工作过程描述	制订实验步骤				
计划对比					
序号	可行性	经济性	可操作性	实施难度	综合评价
1					
2					
3					
N					

决策评价	班级		第　　组		组长签字	
	教师签字		日期			
	评语：					

制订实验步骤的实施单

学习场二	虚拟仿真实验
学习情境（一）	单摆法测量重力加速度
学时	0.1 学时
典型工作过程描述	制订实验步骤

序号	实施步骤	注意事项
1	安装实验仪器	
2	测量摆球直径	
3	调节摆线长度	
4	测量摆动周期	
5	测量重力加速度	

实施说明：

实施评价	班级		第　　组		组长签字	
	教师签字		日期			
	评语：					

制订实验步骤的检查单

学习场二	虚拟仿真实验			
学习情境(一)	单摆法测量重力加速度			
学时	0.1 学时			
典型工作过程描述	制订实验步骤			
序号	检查项目	检查标准	学生自查	教师检查
1	制订实验步骤	正确、有序地设计实验步骤		
2	测量重力加速度	利用摆动周期求重力加速度		
检查评价	班级		第　　组	组长签字	
	教师签字		日期		
	评语：				

制订实验步骤的评价单

学习场二	虚拟仿真实验			
学习情境(一)	单摆法测量重力加速度			
学时	0.1 学时			
典型工作过程描述	制订实验步骤			
评价项目	评价子项目	学生自评	组内评价	教师评价
制订实验步骤	正确、有序地设计实验步骤			
测量重力加速度	利用摆动周期求重力加速度			
最终结果				
评价	班级		第　　组	组长签字	
	教师签字		日期		
	评语：				

典型工作环节（4）　进行实验操作

进行实验操作的资讯单

学习场二	虚拟仿真实验
学习情境（一）	单摆法测量重力加速度
学时	0.1学时
典型工作过程描述	进行实验操作
搜集资讯的方式	线下书籍及线上资源相结合
资讯描述	①准备实验仪器,连接实验装置。 ②用米尺测量摆线长度,用游标卡尺测量小球直径,测量单摆周期 T
对学生的要求	按正确的实验步骤完成实验
参考资料	高中物理必修教材

进行实验操作的计划单

学习场二	虚拟仿真实验		
学习情境（一）	单摆法测量重力加速度		
学时	0.1学时		
典型工作过程描述	进行实验操作		
计划制订的方式	小组讨论		
序号	工作步骤		注意事项
1	明确实验要测量的物理量		
2	连接调试实验仪器		
3	按照实验步骤进行实验		

计划评价	班级		第　　　组	组长签字	
	教师签字		日期		
	评语：				

进行实验操作的决策单

学习场二	虚拟仿真实验				
学习情境（一）	单摆法测量重力加速度				
学时	0.1 学时				
典型工作过程描述	进行实验操作				
计划对比					
序号	可行性	经济性	可操作性	实施难度	综合评价
1					
2					
3					
N					

决策评价	班级		第　　　组	组长签字	
	教师签字		日期		
	评语：				

进行实验操作的实施单

学习场二	虚拟仿真实验
学习情境（一）	单摆法测量重力加速度
学时	0.1 学时
典型工作过程描述	制订实验步骤

序号	实施步骤	注意事项
1	将需要用到的仪器,从仪器栏中拖到桌面上。光标移动到仪器上的时候,可以在提示信息栏中看见相应的提示信息。使用仪器之前,需要双击打开调节窗口再进行调节,如图所示 	

续表

序号	实施步骤	注意事项
2	双击打开千分尺或者游标卡尺窗口,单击"开始测量"按钮,将小球拖入进行测量。测量完成后关闭窗口,如图所示 	
3	双击米尺,打开米尺测量窗口,双击单摆打开单摆窗口。按住单摆窗口中摆线末端的旋钮调节摆线长度,在米尺窗口中读出摆线长度,如图所示 	
4	打开单摆窗口和电子秒表窗口。拖动小球使其摆动,使用秒表测量周期,如图所示。根据测量结果和前面计算公式计算出 g $$T=2\pi\sqrt{\frac{l}{g}} \qquad g=\frac{4\pi^2}{T^2}l$$ 	
5	整理实验器材	

实施说明:

实施评价	班级		第　　组	组长签字	
	教师签字		日期		
	评语:				

进行实验操作的检查单

学习场二	虚拟仿真实验			
学习情境(一)	单摆法测量重力加速度			
学时	0.1学时			
典型工作过程描述	进行实验操作			
序号	检查项目	检查标准	学生自查	教师检查
1	使用游标卡尺、螺旋测微器、秒表等器材进行实验操作	熟练使用仪器,有序进行实验操作		
2	测量单摆周期	求得重力加速度数值		
检查评价	班级		第　组	组长签字	
	教师签字		日期		
	评语:				

进行实验操作的评价单

学习场二	虚拟仿真实验			
学习情境(一)	单摆法测量重力加速度			
学时	0.1学时			
典型工作过程描述	进行实验操作			
评价项目	评价子项目	学生自评	组内评价	教师评价
使用游标卡尺、螺旋测微器、秒表等器材进行实验操作	熟练使用仪器,有序进行实验操作			
测量单摆周期	求得重力加速度数值			
最终结果				
评价	班级		第　组	组长签字	
	教师签字		日期		
	评语:				

典型工作环节（5）　处理实验数据

处理实验数据的资讯单

学习场二	虚拟仿真实验
学习情境（一）	单摆法测量重力加速度
学时	0.1 学时
典型工作过程描述	处理实验数据
搜集资讯的方式	线下书籍及线上资源相结合
资讯描述	①利用 $T = 2\pi\sqrt{\dfrac{l}{g}}$，$g = \dfrac{4\pi^2 l}{T^2}$，求得 g。 ②测量结果进行误差分析和数据处理，检验实验结果是否达到设计要求
对学生的要求	能正确分析单摆周期数据，测量重力加速度 g
参考资料	高中物理必修教材

处理实验数据的计划单

学习场二	虚拟仿真实验
学习情境（一）	单摆法测量重力加速度
学时	0.1 学时
典型工作过程描述	处理实验数据
计划制订的方式	小组讨论

序号	工作步骤	注意事项
1	掌握实验原理	
2	测量所需的实验数据	
3	处理实验数据，求出待求物理量	

计划评价	班级		第　　组	组长签字	
	教师签字		日期		
	评语：				

处理实验数据的决策单

学习场二	虚拟仿真实验
学习情境（一）	单摆法测量重力加速度
学时	0.1 学时
典型工作过程描述	处理实验数据

计划对比

序号	可行性	经济性	可操作性	实施难度	综合评价
1					
2					
3					
N					

决策评价	班级		第　　　组		组长签字	
	教师签字			日　期		
	评语：					

处理实验数据的实施单

学习场二	虚拟仿真实验
学习情境（一）	单摆法测量重力加速度
学时	0.1 学时
典型工作过程描述	处理实验数据

序号	实施步骤	注意事项
1	周期的计算： $T = 95.75\ \text{s}/50 = 1.967\ \text{s}$	在实际情况下，一根不可伸长的细线，下端悬挂一个小球。当细线质量比小球的质量小很多，而且小球的直径又比细线的长度小很多时，此种装置近似为单摆
2	摆长的计算： 钢球直径的测量数据见下表。	

次数	每次数据 d/cm	平均值 $\bar{d}/\text{cm}$	$\Delta d = \lvert d - \bar{d}\rvert/\text{cm}$
1	1.662		0.025
2	1.702		0.015
3	1.672		0.015
4	1.672	1.687	0.015
5	1.692		0.015
6	1.721		0.039
$\overline{\Delta d}$			0.021

则 $\bar{d} = 1.687\ \text{cm}$，$\Delta d = 0.024\ \text{cm}$。

所以有效摆长为：$l = 92.62\ \text{cm} - 1.687/2\ \text{cm} = 91.78\ \text{cm}$

序号	实施步骤	注意事项
3	重力加速度的计算: 因为 $T = 2\pi \sqrt{\dfrac{l}{g}}$ 所以 $g = \dfrac{4\pi^2}{T^2} l = 9.88 \text{ m/s}^2$	测量结果进行误差分析和数据处理,检验实验结果是否达到设计要求
4	误差分析: 随机误差因素比较多	随机误差因素主要包括:如测量单摆周期时的反应时间,在测量摆线长度时对于最后一位数字的估度等;可以利用求平均值法减小实验误差

实施说明:

决策评价	班级		第　　组		组长签字	
	教师签字		日期			
	评语:					

处理实验数据的检查单

学习场二	虚拟仿真实验			
学习情境(一)	单摆法测量重力加速度			
学时	0.1 学时			
典型工作过程描述	处理实验数据			
序号	检查项目	检查标准	学生自查	教师检查
1	测量重力加速度	正确处理数据,求出 g		
2	误差分析	检验实验结果是否达到设计要求		
检查评价	班级		第　　组	组长签字
	教师签字		日期	
	评语:			

处理实验数据的评价单

学习场二	虚拟仿真实验			
学习情境(一)	单摆法测量重力加速度			
学时	0.1 学时			
典型工作过程描述	处理实验数据			
评价项目	评价子项目	学生自评	组内评价	教师评价
测量重力加速度	正确处理数据,求出 g			
误差分析	检验实验结果是否达到设计要求			
最终结果				
评价	班级		第　　组	组长签字
	教师签字		日期	
	评语:			

学习情境(二) 密里根油滴实验

密里根油滴实验的辅助表单

学习性工作任务单

学习场二	虚拟仿真实验
学习情境(二)	密里根油滴实验
学时	0.3 学时
典型工作过程描述	预习实验背景—推导实验原理—制订实验步骤—进行实验操作—处理实验数据
学习目标	典型工作环节(1)预习实验背景的学习目标 ①了解密里根油滴实验在物理学史上的重要意义。 ②了解油滴法测电子电荷分为动态测量法和平衡测量法。 典型工作环节(2)推导实验原理的学习目标 ①推导平衡法测油滴电荷量公式。 ②推导元电荷电量公式。 典型工作环节(3)制订实验步骤的学习目标 ①依据所求物理量,设计实验并制订实验步骤。 ②制订密里根油滴实验的步骤。 典型工作环节(4)进行实验操作的学习目标 ①组装实验仪器,有序进行实验操作。 ②重复实验3次,整理实验仪器。 典型工作环节(5)处理实验数据的学习目标 ①记录数据,代入公式,$q=\dfrac{18\pi}{\sqrt{2\rho g}}\left[\dfrac{\eta l}{t\left(1+\dfrac{b}{Pa}\right)}\right]^{\frac{3}{2}}\dfrac{d}{v}$,得到油滴电量。 ②利用图像法,求出元电荷电量

任务描述	首先,学习根据实验要求设计实验,完成某种规律的探究方法;其次,推导出油滴电量 $q = \dfrac{18\pi}{\sqrt{2\rho g}}\left[\dfrac{\eta l}{t\left(1+\dfrac{b}{Pa}\right)}\right]^{\frac{3}{2}}\dfrac{d}{v}$,利用公式 $\Delta q_i = n_i e$(其中 n_i 为整数)求出元电荷电量,要求测得6个不同的油滴8次以上;最后,处理数据,图像法求出元电荷电量并进行误差分析					
学时安排	资讯0.5学时	计划0.5学时	决策0.5学时	实施0.5学时	检查0.5学时	评价0.5学时
对学生的要求	①用匀强电场带电粒子受力平衡,列方程求解油滴电量。 ②考虑空气阻力,用斯托克斯定律计算油滴半径 a。 ③会对黏滞系数修正。 ④对油滴电量和元电荷电量的测量结果进行误差分析和数据处理,检验实验结果是否达到设计要求					
参考资料	大学物理必修教材					

材料工具清单

学习场二	虚拟仿真实验					
学习情境(二)	密里根油滴实验					
学时	0.2学时					
典型工作过程描述	预习实验背景—推导实验原理—制订实验步骤—进行实验操作—处理实验数据					
序号	名称	作用	数量	型号	使用量	使用者
1	密里根油滴仪		1			
2	显示器					
3	油滴管					
4	安装虚拟仿真软件的计算机		1			
班级		第 组		组长签字		
教师签字		日期				

教师实施计划单

学习场二	虚拟仿真实验				
学习情境(二)	密里根油滴实验				
学时	0.1学时				
典型工作过程描述	预习实验背景—推导实验原理—制订实验步骤—进行实验操作—处理实验数据				
序号	工作与学习步骤	学时	使用工具	地点	方式	备注
1	预习实验背景	0.6	实验仪器	实验室	实操	
2	推导实验原理	0.6	实验仪器	实验室	实操	
3	制订实验步骤	0.6	实验仪器	实验室	实操	
4	进行实验操作	0.6	实验仪器	实验室	实操	
5	处理实验数据	0.6	实验仪器	实验室	实操	
班级		教师签字		日期		

分组单

学习场二	虚拟仿真实验			
学习情境（二）	密里根油滴实验			
学时	0.1 学时			
典型工作过程描述	预习实验背景—推导实验原理—制订实验步骤—进行实验操作—处理实验数据			
分组情况	组别	组长		组员
	1			
	2			
	3			
	4			
分组说明				
班级		教师签字		日期

教学反馈单

学习场二	虚拟仿真实验		
学习情境（二）	密里根油滴实验		
学时	0.1 学时		
典型工作过程描述	预习实验背景—推导实验原理—制订实验步骤—进行实验操作—处理实验数据		
调查项目	序号	调查内容	理由描述
	1	能否推导油滴电荷量公式	
	2	能否正确设计实验并制订实验步骤	
	3	能否利用测量相关数据,计算出元电荷电量	
您对本次课程教学的改进意见是:			
调查信息	被调查人姓名		调查日期

成绩报告单

学习场二	虚拟仿真实验			
学习情境（二）	密里根油滴实验			
学时	0.1 学时			
姓名		班级		
分数 （总分100分）	自评20%	互评20%	教师评60%	总分
教师签字		日期		

典型工作环节(1) 预习实验背景

预习实验背景的资讯单

学习场二	虚拟仿真实验
学习情境(二)	密里根油滴实验
学时	0.1学时
典型工作过程描述	预习实验背景
搜集资讯的方式	线下书籍及线上资源相结合
资讯描述	①了解密里根油滴实验的意义。 ②了解油滴法测电子电荷方法:动态测量法和平衡测量法。 ③预习密里根油滴仪的原理及使用操作指南。 ④熟悉虚拟仿真平台的使用方法
对学生的要求	①说出密里根油滴实验在物理学史的重要意义。 ②熟练使用虚拟仿真平台。 ③了解平衡测量法工作原理。 ④熟悉密里根油滴仪操作步骤
参考资料	大学物理必修教材

预习实验背景的计划单

学习场二	虚拟仿真实验	
学习情境(二)	密里根油滴实验	
学时	0.1学时	
典型工作过程描述	预习实验背景	
计划制订的方式	小组讨论	
序号	工作步骤	注意事项
1	了解密里根油滴实验的意义	
2	熟悉虚拟仿真平台	
3	了解平衡测量法求油滴电量工作原理	
4	熟悉密里根油滴仪操作面板、步骤、指南,如图所示 	

计划评价	班级		第 组	组长签字	
	教师签字		日期		
	评语:				

预习实验背景的决策单

学习场二	虚拟仿真实验
学习情境(二)	密里根油滴实验
学时	0.1 学时
典型工作过程描述	预习实验背景

计划对比

序号	可行性	经济性	可操作性	实施难度	综合评价
1					
2					
3					
N					

决策评价	班级		第　　组		组长签字	
	教师签字			日期		
	评语:					

预习实验背景的实施单

学习场二	虚拟仿真实验
学习情境(二)	密里根油滴实验
学时	0.1 学时
典型工作过程描述	预习实验背景

序号	实施步骤	注意事项
1	通过查询网络资源、小组讨论,说出密里根油滴实验的意义	
2	通过账号进入虚拟仿真平台,找到相应实验,熟悉鼠标、工作台、仪器选择、调节按钮等设备操作,如图所示 	分组操作与个人操作相结合,使得每人都会使用仿真平台
3	通过平台说明书理解密里根油滴实验原理	讨论及个人查阅资料学习相结合
4	通过仿真平台,操作掌握密里根油滴仪	以个人操作为主进行

实施说明:

实施评价	班级		第　　组		组长签字	
	教师签字			日期		
	评语:					

预习实验背景的检查单

学习场二	虚拟仿真实验			
学习情境（二）	密里根油滴实验			
学时	0.1 学时			
典型工作过程描述	预习实验背景			
序号	检查项目	检查标准	学生自查	教师检查
1	说出密里根油滴实验的意义	至少说出 2 条		
2	熟悉虚拟仿真平台	知道如何用鼠标选器材、调节按钮等		
3	理解密里根油滴实验原理	能推导出相应公式		
4	掌握操作密里根油滴仪的要领，如图所示	能控制油滴在视场中的运动，并选择合适的油滴测量元电荷，要求测得 6 个不同的油滴 8 次以上	说出面板各功能按钮，并会调节	
检查评价	班级		第　　组	组长签字	
	教师签字		日期		
	评语：				

预习实验背景的评价单

学习场二	虚拟仿真实验			
学习情境（二）	密里根油滴实验			
学时	0.1 学时			
典型工作过程描述	预习实验背景			
评价项目	评价子项目	学生自评	组内评价	教师评价
说出密里根油滴实验的意义	至少说出 2 条			
熟悉虚拟仿真平台	如何用鼠标完成仪器选择、调节按钮等测量小球直径			
理解密里根油滴实验原理	能推导油滴电量、元电荷电量公式			
会使用密里根油滴仪	了解其工作原理、操作步骤、注意事项、记录哪些数据			
最终结果				
评价	班级		第　　组	组长签字	
	教师签字		日期		
	评语：				

典型工作环节(2) 推导实验原理

推导实验原理的资讯单

学习场二	虚拟仿真实验
学习情境(二)	密里根油滴实验
学时	0.1 学时
典型工作过程描述	推导实验原理
搜集资讯的方式	线下书籍及线上资源相结合
资讯描述	①推导平衡条件下电荷量公式: $q = mg\dfrac{d}{U}$。 ②推导半径求电荷量公式: $q = \left(\dfrac{4}{3}\pi a^3\right)\rho g\dfrac{d}{U}$。 ③推导油滴半径公式: $a = \sqrt{\dfrac{9\eta v_g}{2\rho g}}$。 ④推导修正电荷量公式: $q = \dfrac{18\pi}{\sqrt{2\rho g}}\left[\dfrac{\eta l}{t\left(1+\dfrac{b}{Pa}\right)}\right]^{\frac{3}{2}}\dfrac{d}{v}$。 ⑤元电荷公式: $\Delta q_i = n_i e$(其中 n_i 为一整数)
对学生的要求	推导测定重力加速度公式,学习并掌握累积放大法的原理和应用
参考资料	大学物理必修教材

推导实验原理的计划单

学习场二	虚拟仿真实验	
学习情境(二)	密里根油滴实验	
学时	0.1 学时	
典型工作过程描述	推导实验原理	
计划制订的方式	小组讨论	
序号	工作步骤	注意事项
1	推导平衡条件下电荷量公式	$q = mg\dfrac{d}{U}$
2	推导半径求电荷量公式	$q = \left(\dfrac{4}{3}\pi a^3\right)\rho g\dfrac{d}{U}$
3	推导油滴半径公式	$a = \sqrt{\dfrac{9\eta v_g}{2\rho g}}$
4	推导修正电荷量公式	$q = \dfrac{18\pi}{\sqrt{2\rho g}}\left[\dfrac{\eta l}{t\left(1+\dfrac{b}{Pa}\right)}\right]^{\frac{3}{2}}\dfrac{d}{v}$
5	元电荷公式	$\Delta q_i = n_i e$(其中 n_i 为一整数)

计划评价	班级		第 组	组长签字	
	教师签字		日期		
	评语:				

推导实验原理的决策单

学习场二	虚拟仿真实验
学习情境(二)	密里根油滴实验
学时	0.1学时
典型工作过程描述	推导实验原理

			计划对比		
序号	可行性	经济性	可操作性	实施难度	综合评价
1					
2					
3					
N					

决策评价	班级		第 组	组长签字	
	教师签字		日期		
	评语:				

推导实验原理的实施单

学习场二	虚拟仿真实验
学习情境(二)	密里根油滴实验
学时	0.1学时
典型工作过程描述	推导实验原理

序号	实施步骤	注意事项
1	通过分析油滴匀强电场受力,求出静止状态油滴电荷量公式,如图所示 $$mg = q\frac{U}{d}, q = mg\frac{d}{U}$$	
2	用油滴半径 a、密度 ρ 表示油滴电量 $$q = \left(\frac{4}{3}\pi a^3\right)\rho g\frac{d}{U}$$	

续表

序号	实施步骤	注意事项
3	未加电压,油滴匀速下落,受力分析,根据斯托克斯定律,推导油滴半径公式,如图所示$$\begin{cases} f = 6\pi a \eta v_g \\ f = mg = \left(\dfrac{4}{3}\pi a^3 \rho\right)g \end{cases} \Rightarrow a = \sqrt{\dfrac{9\eta v_g}{2\rho g}}$$其中,$v_g = l/t_g$	式中　f——黏滞阻力; 　　　η——空气黏滞系数; 　　　l——下降距离; 　　　t_g——所用时间
4	推出用观测量表示的油滴电荷量公式	$$\begin{cases} q = \left(\dfrac{4}{3}\pi a^3\right)\rho g\,\dfrac{d}{U} \\ a = \sqrt{\dfrac{9\eta v_g}{2\rho g}} \end{cases} \Rightarrow q = \dfrac{18\pi}{\sqrt{2\rho g}}\left(\dfrac{\eta l}{t_g}\right)^{\frac{3}{2}} \cdot \dfrac{d}{U}$$
5	根据黏滞系数修正公式:$$\eta' = \dfrac{\eta}{1 + \dfrac{b}{pa}}$$推出静态法测量油滴所带电荷的公式:$$q = \dfrac{18\pi}{\sqrt{2\rho g}}\left(\dfrac{\eta l}{t_g\left(1 + \dfrac{b}{pa}\right)}\right)^{\frac{3}{2}}\dfrac{d}{U}$$	考虑油滴的直径与空气分子的间隙相当,空气已不能看成连续介质,其黏滞系数应作修正。 式中　b——修正系数; 　　　p——空气压强; 　　　a——未经修正过的油滴半径。 涉及的常数: 油的密度 $\rho = 981$ kg/m³; 重力加速度 $g = 9.797$ m/s²; 空气的黏滞系数 $\eta = 1.832 \times 10^{-5}$ kg/(m·s); 修正系数 $b = 8.23 \times 10^{-3}$ N/m; 大气压 $p = 1.013 \times 10^5$ Pa; 平行极板距离 $d = 5.00 \times 10^{-3}$ m; 油滴下降距离 $l = 2.00 \times 10^{-3}$ m
6	元电荷电量公式 $\Delta q_i = n_i e$(其中 n_i 为整数)	判断油滴电荷量是否为元电荷整数倍

实施说明:

实施评价	班级		第　　组	组长签字	
	教师签字		日期		
	评语:				

推导实验原理的检查单

学习场二	虚拟仿真实验			
学习情境（二）	密里根油滴实验			
学时	0.1 学时			
典型工作过程描述	推导实验原理			
序号	检查项目	检查标准	学生自查	教师检查
1	推导油滴匀强单纯静止电荷量公式	$q = mg\dfrac{d}{U}$		
2	未加电压,推导油滴匀速下落的速度公式和油滴半径公式	$v_g = \dfrac{l}{t_g}$ $a = \sqrt{\dfrac{9\eta v_g}{2\rho g}}$		
3	修正后的油滴电量公式（学生应熟悉已知密度、半径求球体质量公式）	$q = \dfrac{18\pi}{\sqrt{2\rho g}}\left(\dfrac{\eta l}{t_g\left(1+\dfrac{b}{pa}\right)}\right)^{\frac{3}{2}}\dfrac{d}{U}$		
检查评价	班级		第　　　组	组长签字	
	教师签字		日期		
	评语：				

推导实验原理的评价单

学习场二	虚拟仿真实验			
学习情境（二）	密里根油滴实验			
学时	0.1 学时			
典型工作过程描述	推导实验原理			
评价项目	评价子项目	学生自评	组内评价	教师评价
油滴匀强电场静止的电荷量公式	$q = mg\dfrac{d}{U}$			
未加电压,推导油滴匀速下落的速度公式和油滴半径公式	$v_g = \dfrac{l}{t_g}$ $a = \sqrt{\dfrac{9\eta v_g}{2\rho g}}$			
修正后的油滴电量公式	$q = \dfrac{18\pi}{\sqrt{2\rho g}}\left(\dfrac{\eta l}{t_g\left(1+\dfrac{b}{pa}\right)}\right)^{\frac{3}{2}}\dfrac{d}{U}$			
最终结果				
评价	班级		第　　　组	组长签字	
	教师签字		日期		
	评语：				

典型工作环节(3) 制订实验步骤

制订实验步骤的资讯单

学习场二	虚拟仿真实验
学习情境(二)	密里根油滴实验
学时	0.1 学时
典型工作过程描述	制订实验步骤
搜集资讯的方式	线下书籍及线上资源相结合
资讯描述	①依据所求物理量,设计实验并制订实验步骤。 ②制订密里根油滴实验的步骤
对学生的要求	设计实验,制订正确、有序的实验步骤
参考资料	大学物理必修教材

制订实验步骤的计划单

学习场二	虚拟仿真实验			
学习情境(二)	密里根油滴实验			
学时	0.1 学时			
典型工作过程描述	制订实验步骤			
计划制订的方式	小组讨论			
序号	工作步骤		注意事项	
1	设计实验并制订实验步骤			
2	用密里根油滴实验测量油滴电量,进而求出元电荷电量			
计划评价	班级		第 组	组长签字
	教师签字		日期	
	评语:			

制订实验步骤的决策单

学习场二	虚拟仿真实验
学习情境（二）	密里根油滴实验
学时	0.1 学时
典型工作过程描述	制订实验步骤

计划对比					
序号	可行性	经济性	可操作性	实施难度	综合评价
1					
2					
3					
N					

决策评价	班级		第　　组	组长签字	
	教师签字		日期		
	评语：				

制订实验步骤的实施单

学习场二	虚拟仿真实验
学习情境（二）	密里根油滴实验
学时	0.1 学时
典型工作过程描述	制订实验步骤

序号	实施步骤	注意事项
1	进入虚拟仿真大厅,选择密里根油滴实验	
2	选择适当的油滴并测量油滴上所带电荷	应该选择质量适中,而带电不多的油滴

续表

序号	实施步骤	注意事项
3	调整油滴实验装置,如图所示。 ①首先要调节调平螺丝,将平行电极板调到水平,使平衡电场方向与重力方向平行,以免引起实验误差。 ②调节显微镜焦点,使油滴清晰地显示在显示屏上。 ③喷雾器是用来快速向油滴仪内喷油雾的,在喷射过程中,由于摩擦作用可使油滴带电。 练习控制其中一颗油滴的运动,并记录油滴经过两条横丝间距所用的时间 	当油雾从喷雾口喷入油滴室内后,视场中将出现大量清晰的油滴,有如夜空繁星。试加上平衡电压,改变其大小和极性,驱散不需要的油滴
4	正式测量。 ①取平衡电压约 200 V、匀速下降时间 20~35 s 的油滴,测量油滴匀速运动 2 mm 所用的时间。如果油滴过大,下降速度会过快,油滴过小,则布朗运动明显。 ②计算每个油滴的带电量,然后计算电子电荷。这里采用倒过来验证的方法,即用公认的电子电量值去除每个油滴的电量,取一个最接近的整数,再用这个整数除油滴的电量,从而得到电子电荷的测量值。 ③将电子电荷的测量值与理论值进行比较,计算相对百分误差	各式中的有关参考数据为: 油密度 $\rho = 981$ kg/m³; 空气密度 $\rho = 1.29$ kg/m³(20 ℃); 重力加速度 $g = 9.797$ m/s²; 空气黏滞系数 $\eta = 1.832 \times 10^{-5}$ kg/(m·s)(23 ℃); 平行板间距 $d = 5.00 \times 10^{-3}$ m; 修正系数 $b = 8.23 \times 10^{-3}$ N/m; 为了提高测量结果的精确度,每个油滴上下往返次数不宜少于 8 次,要求测得 6 个不同的油滴
5	读取实验给定的其他有用常数计算电荷的基本单位。 选取一个油滴计算所带电荷的标准偏差 $\Delta q/q$	数据处理方法不限

实施说明:

实施评价	班级		第　组		组长签字	
	教师签字			日期		
	评语:					

制订实验步骤的检查单

学习场二	虚拟仿真实验			
学习情境（二）	密里根油滴实验			
学时	0.1学时			
典型工作过程描述	制订实验步骤			
序号	检查项目	检查标准	学生自查	教师检查
1	制订实验步骤	正确、有序地设计实验步骤		
2	按选油滴—调整油滴实验装置—正式测量—读取实验给定的其他有用常数—计算电荷的基本单位—误差分析的步骤设计	设计步骤齐全,设计记录数据表格规范、完整		
检查评价	班级　　　　第　组　　组长签字			
	教师签字　　　　日期			
	评语:			

制订实验步骤的评价单

学习场二	虚拟仿真实验			
学习情境（二）	密里根油滴实验			
学时	0.1学时			
典型工作过程描述	制订实验步骤			
评价项目	评价子项目	学生自评	组内评价	教师评价
制订实验步骤	按选油滴—调整油滴实验装置—正式测量—读取实验给定的其他有用常数—计算电荷的基本单位—误差分析的步骤设计			
设计数据记录表格	设计记录数据表格规范、完整			
最终结果				
评价	班级　　　　第　组　　组长签字			
	教师签字　　　　日期			
	评语:			

典型工作环节（4）　进行实验操作

进行实验操作的资讯单

学习场二	虚拟仿真实验
学习情境（二）	密里根油滴实验
学时	0.1 学时
典型工作过程描述	进行实验操作
搜集资讯的方式	线下书籍及线上资源相结合
资讯描述	①准备实验仪器，连接实验装置。 ②选油滴—调整油滴实验装置—正式测量—读取实验给定的其他有用常数
对学生的要求	按正确的实验步骤完成实验
参考资料	大学物理必修教材

进行实验操作的计划单

学习场二	虚拟仿真实验		
学习情境（二）	密里根油滴实验		
学时	0.1 学时		
典型工作过程描述	进行实验操作		
计划制订的方式	小组讨论		
序号	工作步骤		注意事项
1	明确实验待测量的物理量		
2	准备连接调试实验仪器		
3	按照实验步骤进行实验		
计划评价	班级	第　组	组长签字
	教师签字	日期	
	评语：		

进行实验操作的决策单

学习场二	虚拟仿真实验				
学习情境(二)	密里根油滴实验				
学时	0.1学时				
典型工作过程描述	进行实验操作				
计划对比					
序号	可行性	经济性	可操作性	实施难度	综合评价
1					
2					
3					
N					

决策评价	班级		第　　组		组长签字	
	教师签字			日期		
	评语:					

进行实验操作的实施单

学习场二	虚拟仿真实验	
学习情境(二)	密里根油滴实验	
学时	0.1学时	
典型工作过程描述	制订实验步骤	
序号	实施步骤	注意事项
1	主窗口: 打开油滴法测电子电荷的仿真实验,如图所示 	

续表

序号	实施步骤	注意事项
2	实验前准备工作 ①开始实验后,从实验仪器栏中单击拖拽仪器至实验桌上,如图所示。 ②双击密立根油滴仪小图标,打开密立根油滴仪,如图所示。 ③双击显示器小图标,打开显示器,如图所示。 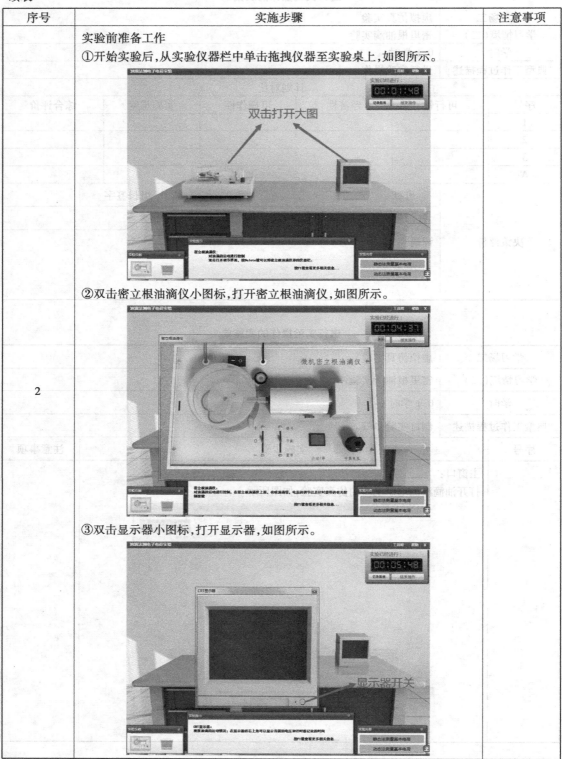	

序号	实施步骤	注意事项
2	④单击鼠标,打开显示器的开关,如图所示。 ⑤桌面上产生密立根油滴仪和显示器等装置的图像,如图所示。 ⑥单击密立根油滴仪的水平气泡区域打开底座水平调节装置,通过底座进行调节,如图所示。 	

续表

序号	实施步骤	注意事项
2	⑦观察油滴在显示器上升、下落的时间,如图所示。 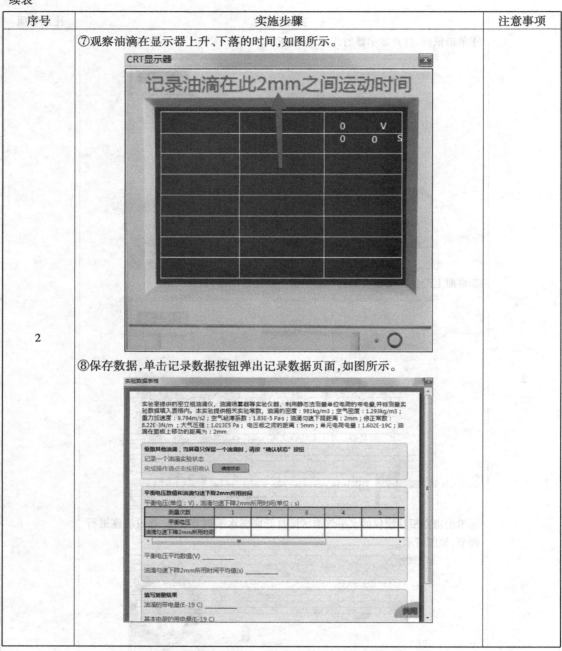 ⑧保存数据,单击记录数据按钮弹出记录数据页面,如图所示。	

序号	实施步骤	注意事项
3	静态法测电子电荷 ①单击电源开关,打开电源,能够观察显示器中的油滴,如图所示。 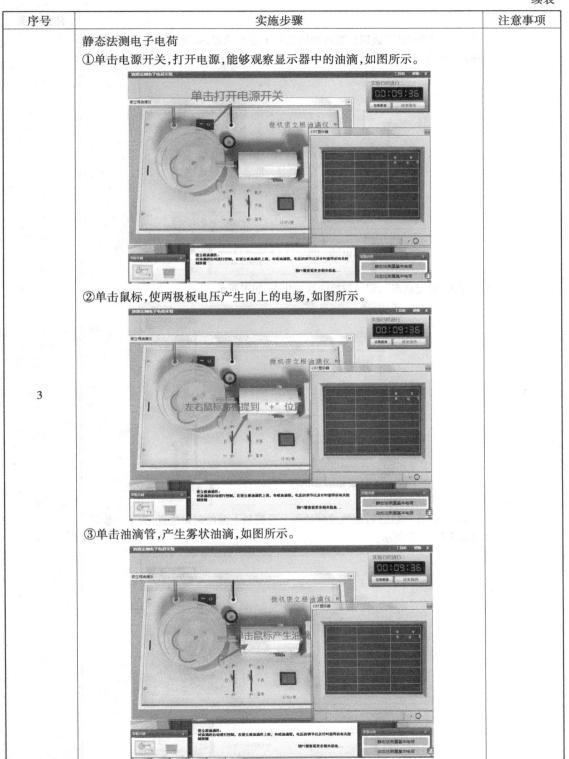 ②单击鼠标,使两极板电压产生向上的电场,如图所示。 ③单击油滴管,产生雾状油滴,如图所示。	

续表

序号	实施步骤	注意事项
3	④调节"平衡电压"旋钮使控制的油滴处于静止状态,如图所示。(取平衡电压约 200 V。) 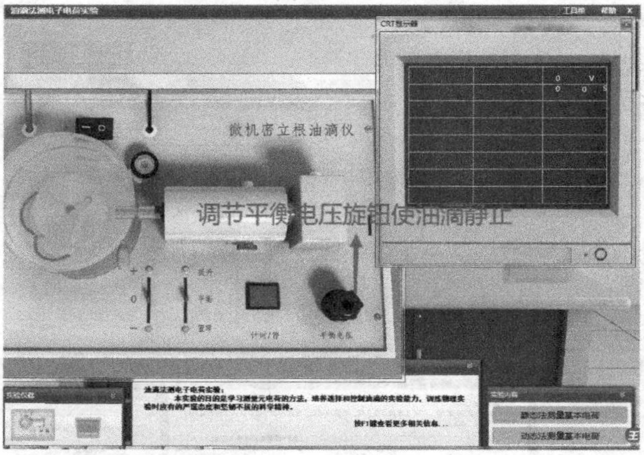 ⑤单击"锁定状态",记录被控油滴的状态,如图所示。 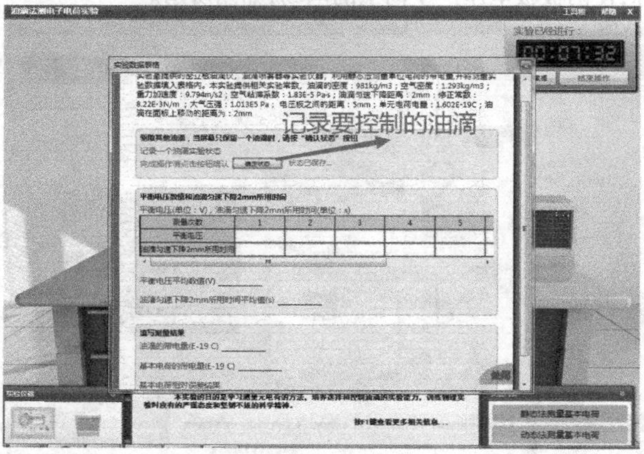 ⑥单击"提升"电压挡,使被控制油滴上升到最上面的起始位置,为下一步计时做准备,如图所示。 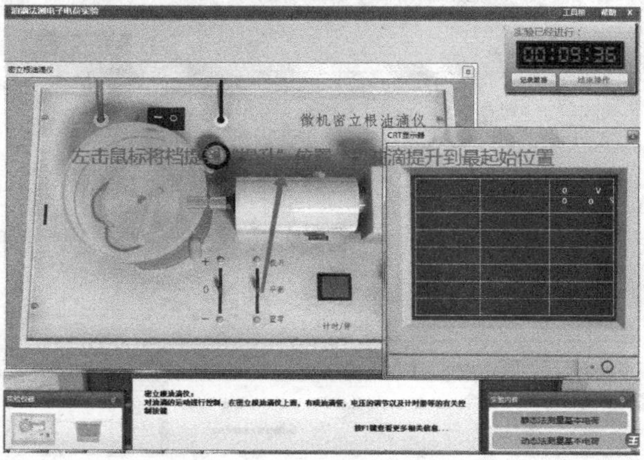 	

序号	实施步骤	注意事项
3	⑦右击到"置零"电压挡，使被控制油滴匀速下落，开始计时，如图所示。（取匀速下降时间 20~35 s 的油滴，测量油滴匀速运动 2 mm 所用的时间） 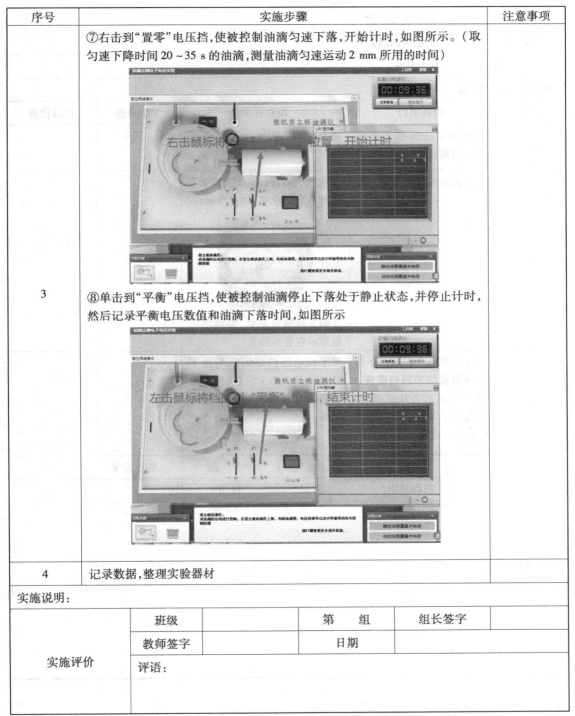 ⑧单击到"平衡"电压挡，使被控制油滴停止下落处于静止状态，并停止计时，然后记录平衡电压数值和油滴下落时间，如图所示	
4	记录数据，整理实验器材	

实施说明：

实施评价	班级		第　组	组长签字	
	教师签字		日期		
	评语：				

进行实验操作的检查单

学习场二	虚拟仿真实验			
学习情境(二)	密里根油滴实验			
学时	0.1 学时			
典型工作过程描述	进行实验操作			
序号	检查项目	检查标准	学生自查	教师检查
1	打开油滴法测电子电荷的仿真实验	用个人账号登录		
2	实验前准备工作	①拖拽所需仪器至实验桌上。②调节底座水平,如图所示。③调节显微镜焦点,油滴清晰地显示在显示器上		
3	静态法测电子电荷(为了提高测量结果的精确度,每个油滴上下往返次数不宜少于 8 次,要求测得 6 个不同的油滴)	取平衡电压约 200 V、匀速下降时间 20~35 s 的油滴,测量油滴匀速运动 2 mm 所用的时间		

	班级		第　　组	组长签字	
检查评价	教师签字		日期		
	评语:				

进行实验操作的评价单

学习场二	虚拟仿真实验			
学习情境（二）	密里根油滴实验			
学时	0.1 学时			
典型工作过程描述	进行实验操作			
评价项目	评价子项目	学生自评	组内评价	教师评价
打开油滴法测电子电荷的仿真实验	用个人账号登录			
拖拽所需仪器至实验桌上	仪器设备齐全			
调节底座水平				
调节显微镜焦点	油滴清晰地显示在显示器上			
静态法测电子电荷（每个油滴上下往返次数不宜少于 8 次）	取平衡电压约 200 V、匀速下降时间 20～35 s 的油滴，测量油滴匀速运动 2 mm 所用的时间。 测得 6 个不同的油滴			
最终结果				

评价	班级		第　　组	组长签字	
	教师签字		日期		
	评语：				

典型工作环节（5） 处理实验数据

处理实验数据的资讯单

学习场二	虚拟仿真实验
学习情境（二）	密里根油滴实验
学时	0.1 学时
典型工作过程描述	处理实验数据
搜集资讯的方式	线下书籍及线上资源相结合
资讯描述	①应用修正电荷量公式 $q=\dfrac{18\pi}{\sqrt{2\rho g}}\left[\dfrac{\eta l}{t\left(1+\dfrac{b}{pa}\right)}\right]^{\frac{3}{2}}\dfrac{d}{V}$，计算油滴电荷量。 ②元电荷公式 $\Delta q_i = n_i e$（其中 n_i 为整数），分析电子电荷量。 ③测量结果进行误差分析和数据处理，检验实验结果是否达到设计要求
对学生的要求	能正确分析单摆周期数据，测量重力加速度 g
参考资料	大学物理必修教材

处理实验数据的计划单

学习场二	虚拟仿真实验			
学习情境（二）	密里根油滴实验			
学时	0.1 学时			
典型工作过程描述	处理实验数据			
计划制订的方式	小组讨论			
序号	工作步骤		注意事项	
1	掌握实验原理			
2	测量所需的实验数据			
3	处理实验数据，求出待求物理量			
计划评价	班级		第 组	组长签字
	教师签字		日期	
	评语：			

处理实验数据的决策单

学习场二	虚拟仿真实验				
学习情境(二)	密里根油滴实验				
学时	0.1 学时				
典型工作过程描述	处理实验数据				
计划对比					
序号	可行性	经济性	可操作性	实施难度	综合评价
1					
2					
3					
N					

决策评价	班级		第　　组	组长签字	
	教师签字		日期		
	评语:				

处理实验数据的实施单

学习场二	虚拟仿真实验
学习情境(二)	密里根油滴实验
学时	0.1 学时
典型工作过程描述	处理实验数据

序号	实施步骤	注意事项
1	匀速下落速度的计算 $$v_g = \frac{l}{t_g}$$ 测量油滴匀速运动 2 mm 所用的时间	
2	油滴半径的计算 $$a = \sqrt{\frac{9\eta v_g}{2\rho g}}$$ 取平衡电压约 200 V、匀速下降时间 20 ~ 35 s 的油滴,测量油滴匀速运动 2 mm 所用的时间。如果油滴过大,下降速度会过快,油滴过小,则布朗运动明显	
3	油滴电荷量的计算 $$q = \frac{18\pi}{\sqrt{2\rho g}} \left[\frac{\eta l}{t\left(1 + \frac{b}{pa}\right)} \right]^{\frac{3}{2}} \frac{d}{V}$$	有关参考数据为: 油密度 $\rho = 981 \text{ kg/m}^3$; 空气密度 $\rho = 1.29 \text{ kg/m}^3$(20 ℃); 重力加速度 $g = 9.797 \text{ m/s}^2$; 空气黏滞系数 $\eta = 1.832 \times 10^{-5} \text{ kg/(m·s)}$ (23 ℃); 平行板间距 $d = 5.00 \times 10^{-3} \text{ m}$; 修正系数 $b = 8.23 \times 10^{-3} \text{ N/m}$

续表

序号	实施步骤	注意事项
4	计算元电荷的电量 $\Delta q_i = n_i e$（其中 n_i 为整数） 可以采用倒过来验证的方法，即用公认的电子电量值去除每个油滴的电量，取一个最接近的整数，再用这个整数除油滴的电量，从而得到电子电荷的测量值	
5	误差分析	将电子电荷的测量值与理论值进行比较，计算相对百分误差

实施说明：

实施评价	班级		第　　组	组长签字	
	教师签字		日期		
	评语：				

处理实验数据的检查单

学习场二	虚拟仿真实验
学习情境(二)	密里根油滴实验
学时	0.1 学时
典型工作过程描述	处理实验数据

序号	检查项目	检查标准	学生自查	教师检查
1	匀速下落速度的计算 $v_g = \dfrac{l}{t_g}$	测量油滴匀速运动 2 mm 所用的时间		
2	油滴半径的计算 $a = \sqrt{\dfrac{9\eta v_g}{2\rho g}}$	取平衡电压约 200 V、匀速下降时间为 20～35 s 的油滴，测量油滴匀速运动 2 mm 所用的时间。如果油滴过大，下降速度会过快，油滴过小，则布朗运动明显		
3	油滴电荷量的计算 $q = \dfrac{18\pi}{\sqrt{2\rho g}}\left[\dfrac{\eta l}{t\left(1+\dfrac{b}{Pa}\right)}\right]^{\frac{3}{2}}\dfrac{d}{V}$	得出油滴电量是元电荷电量的整数倍		
4	元电荷电量的计算 $\Delta q_i = n_i e$（其中 n_i 为一整数）	计算出元电荷电量在误差范围内		
5	误差分析	百分误差满足设计要求		

检查评价	班级		第　　组	组长签字	
	教师签字		日期		
	评语：				

处理实验数据的评价单

学习场二	虚拟仿真实验			
学习情境（二）	密里根油滴实验			
学时	0.1学时			
典型工作过程描述	处理实验数据			
评价项目	评价子项目	学生自评	组内评价	教师评价
匀速下落速度的计算	测量油滴匀速运动2 mm所用的时间			
油滴半径的计算	取平衡电压约200 V、匀速下降时间20~35 s的油滴,测量油滴匀速运动2 mm所用的时间。如果油滴过大,下降速度会过快,油滴过小,则布朗运动明显			
油滴电荷量的计算	得出油滴电量是元电荷电量的整数倍			
元电荷电量的计算	计算出元电荷电量在误差范围内			
误差分析	百分误差满足设计要求			
最终结果				

评价	班级		第　　组	组长签字	
	教师签字		日期		
	评语：				

学习情境(三) 光电效应测普朗克常数实验

光电效应测普朗克常数实验的辅助表单

学习性工作任务单

学习场二	虚拟仿真实验
学习情境(三)	光电效应测普朗克常数实验
学时	0.3 学时
典型工作过程描述	预习实验背景—推导实验原理—制订实验步骤—进行实验操作—处理实验数据
学习目标	典型工作环节(1)预习实验背景的学习目标 ①了解光电效应对近代物理学发展的意义。 ②了解光电效应的应用:太阳能电池、光敏电阻、太阳能汽车、警示灯、光电管等(选择其一)。 ③了解光电效应规律。 ④了解光电效应实验仪使用。 典型工作环节(2)推导实验原理的学习目标 ①对应于某一频率,光电效应的伏安特性曲线关系。 ②对于不同频率的光,其截止电压的值不同。 ③截止电压 U_0 与频率 ν 的关系。 ④光电效应方程。 ⑤根据不同的频率对应的截止电压,计算普朗克常数 h。 典型工作环节(3)制订实验步骤的学习目标 ①依据所求物理量,设计实验并制订实验步骤。 ②制订光电效应测普朗克常数实验的步骤。 典型工作环节(4)进行实验操作的学习目标 ①组装实验仪器,有序进行实验操作。 ②分别测 365 nm,405 nm,436 nm,546 nm,577 nm 的 $V\text{-}I$ 特性曲线。 ③根据不同的频率对应的截止电压,算出普朗克常数 h。 ④整理实验仪器。 典型工作环节(5)处理实验数据的学习目标 ①分别测 365 nm,405 nm,436 nm,546 nm,577 nm 的 $V\text{-}I$ 特性曲线。 ②做截止电压与频率的 $U_a\text{-}V$ 关系曲线,计算红限频率和普朗克常数 h,与标准值进行比较。

任务描述	首先,学习根据实验要求设计实验、完成某种规律的探究方法;其次,分别测 365 nm, 405 nm,436 nm,546 nm,577 nm 的 $V\text{-}I$ 特性曲线;再次,测量截止电压与频率的 $U_a\text{-}V$ 关系曲线,计算红限频率和普朗克常数 h;最后,进行误差分析					
学时安排	资讯0.5学时	计划0.5学时	决策0.5学时	实施1.5学时	检查0.5学时	评价0.5学时
对学生的要求	①加深对光电效应和光的量子性的认识。 ②了解验证爱因斯坦光电效应方程的基本实验方法。 ③描绘光电管的伏安特性曲线。 ④测定普朗克常量					
参考资料	大学物理教材					

材料工具清单

学习场二	虚拟仿真实验					
学习情境(三)	光电效应测普朗克常数实验					
学时	0.2学时					
典型工作过程描述	预习实验背景—推导实验原理—制订实验步骤—进行实验操作—处理实验数据					
序号	名称	作用	数量	型号	使用量	使用者
1	普朗克常量测定仪		1			
2	光源		1			
3	光电管暗盒		1			
4	NG 滤色片一组		1			
班级		第　　组		组长签字		
教师签字		日期				

教师实施计划单

学习场二	虚拟仿真实验					
学习情境(三)	光电效应测普朗克常数实验					
学时	0.1学时					
典型工作过程描述	预习实验背景—推导实验原理—制订实验步骤—进行实验操作—处理实验数据					
序号	工作与学习步骤	学时	使用工具	地点	方式	备注
1	预习实验背景	0.6	实验仪器	实验室	实操	
2	推导实验原理	0.6	实验仪器	实验室	实操	
3	制订实验步骤	0.6	实验仪器	实验室	实操	
4	进行实验操作	0.6	实验仪器	实验室	实操	
5	处理实验数据	0.6	实验仪器	实验室	实操	
班级		教师签字			日期	

分组单

学习场二	虚拟仿真实验			
学习情境（三）	光电效应测普朗克常数实验			
学时	0.1 学时			
典型工作过程描述	预习实验背景—推导实验原理—制订实验步骤—进行实验操作—处理实验数据			
分组情况	组别	组长		组员
	1			
	2			
	3			
	4			
分组说明				
班级		教师签字		日期

教学反馈单

学习场二	虚拟仿真实验		
学习情境（三）	光电效应测普朗克常数实验		
学时	0.1 学时		
典型工作过程描述	预习实验背景—推导实验原理—制订实验步骤—进行实验操作—处理实验数据		
调查项目	序号	调查内容	理由描述
	1	熟悉光电效应仪的使用、原理	
	2	能否正确设计实验并制订实验步骤	
	3	能否利用测量相关数据，计算出普朗克常量	

您对本次课程教学的改进意见是：

调查信息	被调查人姓名		调查日期	

成绩报告单

学习场二	虚拟仿真实验			
学习情境（三）	光电效应测普朗克常数实验			
学时	0.1 学时			
姓名			班级	
分数 （总分100分）	自评20%	互评20%	教师评60%	总分
教师签字			日期	

典型工作环节(1)　预习实验背景

预习实验背景的资讯单

学习场二	虚拟仿真实验
学习情境(三)	光电效应测普朗克常数实验
学时	0.1学时
典型工作过程描述	预习实验背景
搜集资讯的方式	线下书籍及线上资源相结合
资讯描述	①了解光电效应对近代物理学发展的意义。 ②了解光电效应的应用:太阳能电池、光敏电阻、太阳能汽车、警示灯、光电管等(选择其一)。 ③了解光电效应原理。 ④了解光电效应实验仪的使用
对学生的要求	①说出光电效应测普朗克常数对近代物理学发展的意义。 ②熟练使用虚拟仿真平台。 ③了解光电效应测普朗克常量原理。 ④熟悉光电效应测普朗克常数仪的操作步骤
参考资料	大学物理教材

预习实验背景的计划单

学习场二	虚拟仿真实验
学习情境(三)	光电效应测普朗克常数实验
学时	0.1学时
典型工作过程描述	预习实验背景
计划制订的方式	小组讨论

序号	工作步骤	注意事项
1	了解光电效应对近代物理学发展的意义	
2	熟悉虚拟仿真平台	
3	了解光电效应测普朗克常量工作原理,如图所示 1—汞灯电源;2—汞灯;3—滤色片;4—光阑;5—光电管;6—基座	

续表

序号	工作步骤	注意事项
4	熟悉光电效应测普朗克常数仪的操作面板和操作步骤,如图所示 	

计划评价	班级		第 组	组长签字	
	教师签字		日期		
	评语:				

预习实验背景的决策单

学习场二	虚拟仿真实验
学习情境(三)	光电效应测普朗克常数实验
学时	0.1 学时
典型工作过程描述	预习实验背景

计划对比					
序号	可行性	经济性	可操作性	实施难度	综合评价
1					
2					
3					
N					

决策评价	班级		第 组	组长签字	
	教师签字		日期		
	评语:				

预习实验背景的实施单

学习场二	虚拟仿真实验		
学习情境（三）	光电效应测普朗克常数实验		
学时	0.1学时		
典型工作过程描述	预习实验背景		
序号	实施步骤		注意事项
1	通过查阅网络资源，并进行小组讨论，说出光电效应对近代物理学发展的意义		
2	通过账号进入虚拟仿真平台，找到相应实验，熟悉鼠标、工作台、仪器选择、调节按钮等设备布局及操作，如图所示 		
3	通过虚拟仿真平台说明书理解光电效应测普朗克常数的实验原理		
4	通过虚拟仿真平台，操作掌握光电效应测普朗克常数仪		
实施说明：			
实施评价	班级		第　　组	组长签字	
	教师签字		日期		
	评语：				

预习实验背景的检查单

学习场二	虚拟仿真实验			
学习情境（三）	光电效应测普朗克常数实验			
学时	0.1学时			
典型工作过程描述	预习实验背景			
序号	检查项目	检查标准	学生自查	教师检查
1	说出光电效应测普朗克常数对近代物理学发展的意义	至少说出2条		
2	熟悉虚拟仿真平台	知道如何用鼠标选器材、调节按钮等		

续表

序号	检查项目	检查标准	学生自查	教师检查
3	理解光电效应测普朗克常数实验原理	了解伏安特性曲线特点,说出频率与截止电压的关系,并掌握计算出普朗克常量的方法		
4	掌握光电效应测普朗克常数仪的操作要领,如图所示	说出面板各功能按钮,并会调节		

检查评价	班级		第　　组		组长签字	
	教师签字			日期		
	评语:					

预习实验背景的评价单

学习场二	虚拟仿真实验			
学习情境(三)	光电效应测普朗克常数实验			
学时	0.1 学时			
典型工作过程描述	预习实验背景			
评价项目	评价子项目	学生自评	组内评价	教师评价
说出光电效应对近代物理学发展的意义	至少说出 2 条			
熟悉虚拟仿真平台	知道如何用鼠标完成仪器选择、调节按钮等			
理解光电效应测普朗克常数实验原理	 1—汞灯电源;2—汞灯;3—滤色片;4—光阑;5—光电管;6—基座			
会使用光电效应测普朗克常数仪	知道其工作原理、操作步骤、注意事项,会记录数据			
最终结果				

评价	班级		第　　组		组长签字	
	教师签字			日期		
	评语:					

典型工作环节（2）　推导实验原理

推导实验原理的资讯单

学习场二	虚拟仿真实验
学习情境（三）	光电效应测普朗克常数实验
学时	0.1 学时
典型工作过程描述	推导实验原理
搜集资讯的方式	线下书籍及线上资源相结合
资讯描述	①入射光照射到光电管阴极 K 上，产生的光电子在电场的作用下向阳极 A 迁移构成光电流，能画出光电效应原理图，改变外加电压 U_{AK}，测量出光电流 I 的大小，即可得出光电管的伏安特性曲线。 ②光电效应的基本实验事实，如图所示。 （a）实验原理图　（b）同一频率，不同光强时光电管的伏安特性曲线　（c）不同频率时光电管的伏安特性曲线　（d）截止电压 U 与入射光频率 ν 的关系图　斜率 h/e ③当光子照射到金属表面上时，一次被金属中的电子全部吸收，而无须积累能量的时间。电子把这能量的一部分用来克服金属表面对它的吸引力，余下的就变为电子离开金属表面后的动能，按照能量守恒原理，爱因斯坦提出了著名的光电效应方程：$h\nu = \dfrac{1}{2}mv_0^2 + A$ ④阳极电位低于截止电压，光电流才为零，此时有关系：$eU_0 = \dfrac{1}{2}mv_0^2$ ⑤推出截止电压与频率的关系：$eU_0 = h\nu - A$
对学生的要求	画出光电效应原理图；不同频率光电管的伏安特性曲线；利用爱因斯坦光电效应方程推导出截止电压和普朗克常量的关系
参考资料	大学物理教材

推导实验原理的计划单

学习场二	虚拟仿真实验
学习情境（三）	光电效应测普朗克常数实验
学时	0.1 学时
典型工作过程描述	推导实验原理
计划制订的方式	小组讨论

序号	工作步骤	注意事项
1	入射光照射到光电管阴极 K 上,产生的光电子在电场的作用下向阳极 A 迁移构成光电流,画出光电效应原理图,如图所示 	
2	对于某一频率,改变外加电压 U_{AK},测量出光电流 I 的大小,即可得出光电管的伏安特性曲线。对于一定频率,有一电压 U_0,当 $U_{AK} \leqslant U_0$ 时,电流为 0,这个电压 U_0 叫作截止电压,如图所示。 当 $U_{AK} \geqslant U_0$ 后,电流 I 迅速增大,然后趋于饱和,饱和光电流 I_M 的大小与入射光的强度成正比 	
3	对于不同频率的光,其截止电压的数值不同,如图所示 	
4	推出截止电压 U_0 与频率 ν 的关系图。U_0 与 ν 成正比关系。当入射光的频率低于某极限值 ν_0 时,不论发光强度如何大、照射时间如何长,都没有光电流产生,如图所示 	

续表

序号	工作步骤	注意事项
5	光电流效应是瞬时效应。即使光电流的发光强度非常微弱,只要频率大于 ν_0,在开始照射后立即就有光电子产生,所经过的时间多为 10^{-9} s 的数量级	$h\nu = \dfrac{1}{2}mv_0^2 + A$ $eU_0 = \dfrac{1}{2}mv_0^2$ $eU_0 = h\nu - A$

计划评价	班级		第　　组		组长签字	
	教师签字		日期			
	评语:					

推导实验原理的决策单

学习场二	虚拟仿真实验
学习情境（三）	光电效应测普朗克常数实验
学时	0.1 学时
典型工作过程描述	推导实验原理

计划对比					
序号	可行性	经济性	可操作性	实施难度	综合评价
1					
2					
3					
N					

决策评价	班级		第　　组		组长签字	
	教师签字		日期			
	评语:					

推导实验原理的实施单

学习场二	虚拟仿真实验
学习情境（三）	光电效应测普朗克常数实验
学时	0.1 学时
典型工作过程描述	推导实验原理

序号	实施步骤	注意事项
1	入射光照射到光电管阴极 K 上,产生的光电子在电场的作用下向阳极 A 迁移构成光电流,画出光电效应原理图,如图所示	

续表

序号	实施步骤	注意事项
2	对于某一频率,改变外加电压 U_{AK},测量出光电流 I 的大小,即可得出光电管的伏安特性曲线。对于一定频率,有一电压 U_0,当 $U_{AK} \leq U_0$ 时,电流为 0,这个电压 U_0 叫作截止电压,如图所示。 当 $U_{AK} \geq U_0$ 后,电流 I 迅速增大,然后趋于饱和,饱和光电流 I_M 的大小与入射光的强度成正比	
3	对于不同频率的光,其截止电压的数值不同,如图所示	
4	推出截止电压 U_0 与频率 ν 的关系图。U_0 与 ν 成正比关系。当入射光的频率低于某极限值 ν_0 时,不论发光强度如何大、照射时间如何长,都没有光电流产生,如图所示	$h\nu = \dfrac{1}{2}mv_0^2 + A$ $eU_0 = \dfrac{1}{2}mv_0^2$ $eU_0 = h\nu - A$
5	光电流效应是瞬时效应。即使光电流的发光强度非常微弱,只要频率大于 ν_0,在开始照射后立即就有光电子产生,所经过的时间多为 10^{-9} s 的数量级	

实施说明:

实施评价	班级		第　组	组长签字	
	教师签字		日期		
	评语:				

推导实验原理的检查单

学习场二	虚拟仿真实验
学习情境（三）	光电效应测普朗克常数实验
学时	0.1学时
典型工作过程描述	推导实验原理

序号	检查项目	检查标准	学生自查	教师检查
1	入射光照射到光电管阴极 K 上，产生的光电子在电场的作用下向阳极 A 迁移构成光电流，画出光电效应原理图			
2	对于某一频率，改变外加电压 U_{AK}，测量出光电流 I 的大小，即可得出光电管的伏安特性曲线。对于一定频率，有一电压 U_0，当 $U_{AK} \leq U_0$ 时，电流为0，这个电压 U_0 叫作截止电压，如图所示。当 $U_{AK} \geq U_0$ 后，电流 I 迅速增大，然后趋于饱和，饱和光电流 I_M 的大小与入射光的强度成正比			
3	对于不同频率的光，其截止电压的数值不同，如图所示			
4	推出截止电压 U_0 与频率 ν 的关系图。U_0 与 ν 成正比关系。当入射光的频率低于某极限值 ν_0 时，不论发光强度如何大、照射时间如何长，都没有光电流产生	$h\nu = \frac{1}{2}mv_0^2 + A$ $eU_0 = \frac{1}{2}mv_0^2$ $eU_0 = h\nu - A$		
5	光电流效应是瞬时效应。即使光电流的发光强度非常微弱，只要频率大于 ν_0，在开始照射后立即就有光电子产生，所经过的时间多为 10^{-9} s 的数量级			

检查评价	班级		第　　　组		组长签字	
	教师签字		日期			
	评语：					

推导实验原理的评价单

学习场二	虚拟仿真实验			
学习情境（三）	光电效应测普朗克常数实验			
学时	0.1 学时			
典型工作过程描述	推导实验原理			
评价项目	评价子项目	学生自评	组内评价	教师评价
画出光电效应原理图	光 A K Ⓐ Ⓥ U_{AK}			
某一频率的光电管伏安特性曲线	I 曲线 P_2 P_1 U_0 U_{AK}			
不同频率伏安特性曲线	I ν_1 ν_2 U_{01} U_{02} O U_{AK}			
截止电压 U_0 与频率 ν 的关系图	$h\nu = \dfrac{1}{2}mv_0^2 + A$ $eU_0 = \dfrac{1}{2}mv_0^2$ $eU_0 = h\nu - A$			
根据 U_0 与频率 ν 的关系图，求出 h	U_0 h/e O ν_0 ν			
最终结果				
评价	班级 / 教师签字	第　组 / 日期	组长签字	
	评语：			

典型工作环节(3)　制订实验步骤

制订实验步骤的资讯单

学习场二	虚拟仿真实验
学习情境(三)	光电效应测普朗克常数实验
学时	0.1学时
典型工作过程描述	制订实验步骤
搜集资讯的方式	线下书籍及线上资源相结合
资讯描述	①测试前准备。 ②测普朗克常数 h。 ③测光电管的伏安特性曲线。 ④数据记录与处理。 ⑤误差分析
对学生的要求	设计实验,制订正确、有序的实验步骤
参考资料	大学物理教材

制订实验步骤的计划单

学习场二	虚拟仿真实验	
学习情境(三)	光电效应测普朗克常数实验	
学时	0.1学时	
典型工作过程描述	制订实验步骤	
计划制订的方式	小组讨论	

序号	工作步骤	注意事项
1	设计实验并制订实验步骤	
2	用光电效应测普朗克常数实验	
3	测光电管的伏安特性曲线	
4	数据记录与处理	
5	误差分析	

计划评价	班级		第　　组	组长签字	
	教师签字		日期		
	评语:				

制订实验步骤的决策单

学习场二	虚拟仿真实验
学习情境(三)	光电效应测普朗克常数实验
学时	0.1 学时
典型工作过程描述	制订实验步骤

计划对比

序号	可行性	经济性	可操作性	实施难度	综合评价
1					
2					
3					
N					

决策评价	班级		第　　组	组长签字	
	教师签字		日期		
	评语:				

制订实验步骤的实施单

学习场二	虚拟仿真实验
学习情境(三)	光电效应测普朗克常数实验
学时	0.1 学时
典型工作过程描述	制订实验步骤

序号	实施步骤	注意事项
1	进入虚拟仿真大厅,选择光电效应测普朗克常数实验	
2	连接光电管和电源及测试系统之间的电线,选择滤波片;调节光源;调节光电管;调节电源及测试系统;选择光源和光电管间的合适距离	用遮光罩盖住光电管暗盒窗口,光电管与光源的距离取 40 cm;接通汞灯电源和微电流测量放大器电源,预热 20 min

续表

序号	实施步骤	注意事项
3	测量光电管伏安特性 ①通光孔径取 2 mm。取下遮光罩,选取所需单色滤光片 365 nm 使单色光照射光电管,缓缓调节电压。记录相应的光电流 I。 ②分三段读数。电压在 −2.0～0.0 V 时,每隔 0.1 V 读一个电流值;电压在 0.0～20.0 V 时,间隔均匀地选取 5 个电压值,读出对应的电流值;电压在 20.0～30.0 V 时,间隔均匀地选取 5 个电压值,读出对应的电流值。 ③改变滤光片,按步骤②测出不同波长(取 405 nm、436 nm、546 nm 和 577 nm)下的 V-I 对应值。 ④电压调至 30.0 V,改变通光孔径大小,测出不同孔径时饱和光电流的大小,观察饱和光电流随孔径变化而改变的规律。 ⑤将 4 mm 的光阑及相应的滤光片放在光电管暗箱光输入口上,打开汞灯遮光盖。从低到高调节电压(绝对值减小),观察电流值的变化,寻找电流为零时对应的 U_{AK} 值,以其绝对值作为该波长对应的 U_0 值	①实验过程中,仪器暂不使用时,均须将汞灯和光电暗箱用遮光盖盖上,使光电暗箱处于完全闭光状态。切忌汞灯直接照射光电管。 ②汞灯一旦打开,不要随意关闭。汞灯熄火后,不能立即启动,需过 10 多分钟待灯管冷却后才能再次点燃。由于汞灯辐射的紫外线较强,不要直视汞灯以防眼睛受伤。 ③由于光电管的内阻很高,光电流很小,因此在测量中要注意外界干扰

实施说明:

实施评价	班级		第　　组		组长签字	
	教师签字		日期			
	评语:					

制订实验步骤的检查单

学习场二	虚拟仿真实验
学习情境（三）	光电效应测普朗克常数实验
学时	0.1 学时
典型工作过程描述	制订实验步骤

序号	检查项目	检查标准	学生自查	教师检查
1	制订实验步骤	按测试前准备—测普朗克常数 h—测光电管的伏安特性曲线步骤设计		
2	设计记录数据表格规范、完整	记录数据表格规范、完整		

检查评价	班级		第　　组		组长签字	
	教师签字		日期			
	评语:					

制订实验步骤的评价单

学习场二	虚拟仿真实验			
学习情境（三）	光电效应测普朗克常数实验			
学时	0.1 学时			
典型工作过程描述	制订实验步骤			
评价项目	评价子项目	学生自评	组内评价	教师评价
制订实验步骤	按测试前准备—测普朗克常数 h—测光电管的伏安特性曲线步骤设计			
设计记录数据表格	记录数据表格规范、完整			
最终结果				
评价	班级		第　　组	组长签字	
	教师签字		日期		
	评语：				

典型工作环节(4)　进行实验操作

进行实验操作的资讯单

学习场二	虚拟仿真实验
学习情境（三）	光电效应测普朗克常数实验
学时	0.1 学时
典型工作过程描述	进行实验操作
搜集资讯的方式	线下书籍及线上资源相结合
资讯描述	①准备实验仪器，连接实验装置。 ②测试前准备—测普朗克常数 h—测光电管的伏安特性曲线
对学生的要求	按正确的实验步骤完成实验
参考资料	大学物理教材

进行实验操作的计划单

学习场二	虚拟仿真实验		
学习情境（三）	光电效应测普朗克常数实验		
学时	0.1学时		
典型工作过程描述	进行实验操作		
计划制订的方式	小组讨论		
序号	工作步骤		注意事项
1	明确实验要测量的物理量		
2	准备连接调试实验仪器		
3	按照实验步骤进行实验		
计划评价	班级	第　　　组	组长签字
	教师签字	日期	
	评语：		

进行实验操作的决策单

学习场二	虚拟仿真实验				
学习情境（三）	光电效应测普朗克常数实验				
学时	0.1学时				
典型工作过程描述	进行实验操作				
计划对比					
序号	可行性	经济性	可操作性	实施难度	综合评价
1					
2					
3					
N					
决策评价	班级		第　　　组	组长签字	
	教师签字		日期		
	评语：				

进行实验操作的实施单

学习场二	虚拟仿真实验
学习情境(三)	光电效应测普朗克常数实验
学时	0.1 学时
典型工作过程描述	制订实验步骤

序号	实施步骤	注意事项
1	打开光电效应测普朗克常数仿真实验界面,如图所示	
2	①开始实验后,从实验仪器栏中单击拖拽仪器至实验桌上,如图所示。	

序号	实施步骤	注意事项
	②连接光电管和电源及测试系统之间的电线。单击拖拽黑线至电源及测试系统的电流输入接线柱；单击拖拽黄线至电源及测试系统的负极电压输出接线柱；单击拖拽红线至电源及测试系统的正极电压输出接线柱，如图所示。 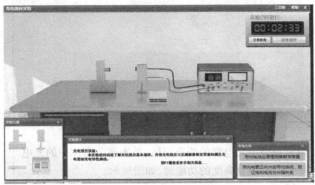	
2	③选择滤波片。双击桌面上的滤波片组盒子，弹出滤波片组盒子的调节窗体，可以单击拖动其内的滤波片或滤光片至光源或光电管中；光源上最多只能放置一个滤波片或滤光片，光电管上最多只能放置一个滤波片或滤光片，如图所示。 	

续表

序号	实施步骤	注意事项
2	④光源调节。双击光源弹出光源的调节窗体,单击调节窗体的光源开关可以关闭或打开光源,如图所示。  ⑤光电管调节。双击光电管可弹出光电管的调节窗体;单击调节窗体中的光电管可弹出调节光电管水平位置和垂直高度的功能键,如图所示。 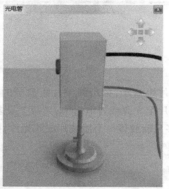 单击调节窗体中光电管的背面(侧面),弹出光电管的背面图,可显示光电管的接线柱信息,如图所示。 	"←"键:光电管水平向左移动;"→"键:光电管水平向右移动;"↑"键:光电管垂直方向增加高度;"↓"键:光电管垂直方向减小高度

序号	实施步骤	注意事项
2	⑥电源及测试系统的调节。双击电源及测试系统,可弹出电源及测试系统的调节窗体。单击电源开关可以打开或关闭电源;左击电流挡,电流调小,右击电流挡,电流调大;左击电压挡,电压调小,右击电压挡,电压调大;单击电源极性按钮可以改变电流输出端极性;左击电压旋钮可以调小输出电压,右击电压旋钮可以调大输出电压。双击调节窗体中的表盘可以弹出放大的表盘,如图所示。 ⑦选择光源和光电管间的合适距离。为确保实验的正常进行,光电管与光源间必须取合适的距离。在光源上放置365 nm的滤波片,电源输出电压调节为 -3 V,调节光源和光电管之间的相互距离,至光电效应测试仪的电流显示值为 -0.24 μA,在调试的时候,当鼠标移动到相应旋钮、开关按键的时候,都会有相应的提示信息。可以通过拖动光源和光电管来调节水平位置。单击光电管调节窗体中的光电管可弹出调节光电管水平位置和垂直高度的功能键。反复调节光源和光电管之间的距离,直到电源及测试系统数字显示屏的数字显示为 -0.24 μA。 ⑧保存数据,单击记录数据按钮弹出记录数据页面。在记录数据页面的相应地方填写实验的测量数据,单击关闭按钮,则暂时关闭记录数据页面;再次单击记录数据按钮会显示记录数据页面,如图所示。依次换上 577 nm,546 nm,436 nm,405 nm的滤色片,重复以上测量步骤 	

续表

序号	实施步骤	注意事项
3	记录数据,整理实验器材	

实施说明:

实施评价	班级		第　组		组长签字	
	教师签字		日期			
	评语:					

进行实验操作的检查单

学习场二	虚拟仿真实验
学习情境(三)	光电效应测普朗克常数实验
学时	0.1 学时
典型工作过程描述	进行实验操作

序号	检查项目	检查标准	学生自查	教师检查
1	打开光电效应测普朗克常数仿真实验界面	用个人账号登录		
2	实验前准备工作	实验过程中,仪器暂不使用时,均须将汞灯和光电暗箱用遮光盖盖上,使光电暗箱处于完全闭光状态。切忌汞灯直接照射光电管		
3	测普朗克常数 h	①先安装光阑及滤光片,然后打开汞灯遮光盖。 ②更换滤光片时需盖上汞灯遮光盖		

检查评价	班级		第　组		组长签字	
	教师签字		日期			
	评语:					

进行实验操作的评价单

学习场二	虚拟仿真实验			
学习情境（三）	光电效应测普朗克常数实验			
学时	0.1学时			
典型工作过程描述	进行实验操作			
评价项目	评价子项目	学生自评	组内评价	教师评价
打开光电效应测普朗克常数仿真实验界面	用个人账号登录			
拖拽所需仪器至实验桌上	仪器设备齐全			
实验前准备工作	实验过程中,仪器暂不使用时,均须将汞灯和光电暗箱用遮光盖盖上,使光电暗箱处于完全闭光状态。切忌汞灯直接照射光电管			
测普朗克常数 h	①先安装光阑及滤光片,然后打开汞灯遮光盖。②更换滤光片时需盖上汞灯遮光盖			
最终结果				
评价	班级		第　　组	组长签字	
	教师签字		日期		
	评语:				

典型工作环节（5）　处理实验数据

处理实验数据的资讯单

学习场二	虚拟仿真实验
学习情境（三）	光电效应测普朗克常数实验
学时	0.1学时
典型工作过程描述	处理实验数据
搜集资讯的方式	线下书籍及线上资源相结合
资讯描述	①在坐标纸上描绘出对应不同波长的光电管的伏安特性曲线,用拐点法读出各遏制电压值。②画出各遏制电压和频率的关系线,由斜率求出 h
对学生的要求	能正确分析图像所对应的物理含义,并求出所需物理量
参考资料	大学物理教材

处理实验数据的计划单

学习场二	虚拟仿真实验		
学习情境(三)	光电效应测普朗克常数实验		
学时	0.1 学时		
典型工作过程描述	处理实验数据		
计划制订的方式	小组讨论		
序号	工作步骤		注意事项
1	掌握实验原理		
2	测量所需的实验数据		
3	处理实验数据,求出待求物理量		
计划评价	班级	第　组	组长签字
	教师签字	日期	
	评语:		

处理实验数据的决策单

学习场二	虚拟仿真实验			
学习情境(三)	光电效应测普朗克常数实验			
学时	0.1 学时			
典型工作过程描述	处理实验数据			
计划对比				
序号	可行性	经济性	可操作性	实施难度	综合评价
1					
2					
3					
N					
决策评价	班级		第　组	组长签字	
	教师签字		日期		
	评语:				

处理实验数据的实施单

学习场二	虚拟仿真实验
学习情境（三）	光电效应测普朗克常数实验
学时	0.1 学时
典型工作过程描述	处理实验数据

序号	实施步骤	注意事项
1	原始数据记录 U_0-ν 关系 表格（见下）	
2	I-U_{AK} 关系 光阑孔 $\phi = 4$ mm（见下）	
3	图示法或线性回归法求出 h，如图所示 	
4	画出不同频率的伏安特性曲线	

序号1 表格：

波长 λ_i/nm	365	405	436	546	577
频率 ν_i/ ($\times 10^{14}$Hz)	8.214	7.408	6.879	5.490	5.196
截止电压 U_{0i}/V					

序号2 表格：

$\lambda = 365$ nm

U_{AK}/V	0	5	10	15	20	25	30	35	40	45	50
I/($\times 10^{-10}$A)											

$\lambda = 405$ nm

U_{AK}/V	0	5	10	15	20	25	30	35	40	45	50
I/($\times 10^{-10}$A)											

$\lambda = 436$ nm

U_{AK}/V	0	5	10	15	20	25	30	35	40	45	50
I/($\times 10^{-10}$A)											

$\lambda = 546$ nm

U_{AK}/V	0	5	10	15	20	25	30	35	40	45	50
I/($\times 10^{-10}$A)											

序号3 图中标注：截止电压 U_{0i}(V)，$y = 0.412\,6x - 1.579\,3$，频率 ν_i($\times 10^{14}$Hz)

续表

序号	实施步骤	注意事项
5	误差分析 对于普朗克常量的确定,是通过测不同频率下的截止电压的大小来得到的。而其主要误差也就是在这一测量过程中产生的(通过查阅文献找到误差产生的原因)	实验中所用的光电管必须具备下列条件: ①对可见光区域内所有谱线都较灵敏。 ②阳极包围阴极,这样当阴极有负电位时,大部分光电子都能到达阳极。 ③阳极没有光电效应,不会产生反向电流。 ④光电管的暗电流很小。 ⑤减小或避免杂散光的影响。 综合其他的影响可知,在实验中的主要误差有: ①光电管中暗电流的影响。 ②滤色片产生的滤色光并不完全单一。 ③实验汞灯受交变电压影响而不能完全稳定。 ④仪器读数微小跳动的读数误差。 ⑤暗箱封闭不严而受杂质光的影响。 ⑥测量过程中产生的反向电流的影响

实施说明:

实施评价	班级		第　　组		组长签字	
	教师签字			日期		
	评语:					

处理实验数据的检查单

学习场二	虚拟仿真实验
学习情境(三)	光电效应测普朗克常数实验
学时	0.1 学时
典型工作过程描述	处理实验数据

序号	检查项目	检查标准	学生自查	教师检查
1	原始数据记录 U_0-ν 关系	表格填写完整		
2	原始数据记录 I-U_{AK}关系	表格填写完整		
3	图示法或线性回归法求出 h	图线为一倾斜直线		
4	不同频率的伏安特性曲线	布局合理,饱和电流和截止电压可读出		
5	误差分析	根据文献误差来源,可分析观察误差		

检查评价	班级		第　　组		组长签字	
	教师签字			日期		
	评语:					

处理实验数据的评价单

学习场二	虚拟仿真实验			
学习情境（三）	光电效应测普朗克常数实验			
学时	0.1学时			
典型工作过程描述	处理实验数据			
评价项目	评价子项目	学生自评	组内评价	教师评价
原始数据记录 U_0-ν关系	表格填写完整			
原始数据记录 I-U_{AK}关系	表格填写完整			
图示法或线性回归法求出 h	图线为一倾斜直线			
不同频率的伏安特性曲线	布局合理，饱和电流和截止电压可读出			
误差分析	误差满足要求			
最终结果				
评价	班级　　　　　　第　　组　　组长签字			
	教师签字　　　　　　日期			
	评语：			

学习场三　探究性实验

学习情境（一）　磁阻效应

磁阻效应的辅助表单

学习性工作任务单

学习场三	探究性实验
学习情境(一)	磁阻效应
学时	0.3 学时
典型工作过程描述	预习实验背景—推导实验原理—制订实验步骤—进行实验操作—处理实验数据
学习目标	典型工作环节(1)预习实验背景的学习目标 ①预习磁阻概念、磁阻效应、磁阻分类、磁阻应用等相关知识。 ②预习利用磁阻传感器测量磁场的方法。 典型工作环节(2)推导实验原理的学习目标 ①了解磁阻效应的基本原理。 ②利用磁阻传感器测量磁场。 典型工作环节(3)制订实验步骤的学习目标 ①依据所求物理量，设计实验并制订实验步骤。 ②制订利用磁阻传感器测量磁场的步骤。 典型工作环节(4)进行实验操作的学习目标 ①组装实验仪器，有序进行实验操作。 ②重复实验3次，整理实验仪器。 典型工作环节(5)处理实验数据的学习目标 ①记录数据，测量锑化铟传感器的电阻与磁感应强度的关系。 ②画出锑化铟传感器电阻变化与磁感应强度的关系曲线，并进行相应的曲线和直线拟合。观察规律，求出待测磁场数值。
任务描述	首先，学习根据实验要求设计实验、完成某种规律的探究方法；其次，了解磁阻效应的基本原理；再次，测量锑化铟磁阻传感器的电阻与磁感应强度的关系，作$\Delta R/R(0)$与B的关系曲线，并进行曲线拟合；最后，处理数据，用磁阻传感器测量一个未知的磁场强度
学时安排	资讯 0.5 学时　计划 0.5 学时　决策 0.5 学时　实施 0.5 学时　检查 0.5 学时　评价 0.5 学时
对学生的要求	测量锑化铟传感器的电阻与磁感应强度的关系；学习用磁阻传感器测量磁场的方法
参考资料	大学物理实验类书籍

材料工具清单

学习场三	探究性实验					
学习情境(一)	磁阻效应					
学时	0.2 学时					
典型工作过程描述	预习实验背景—推导实验原理—制订实验步骤—进行实验操作—处理实验数据					
序号	名称	作用	数量	型号	使用量	使用者
1	磁阻效应实验仪		1			
2	双路可调直流恒流源		1			
3	电流表、数字式磁场强度计(毫特计)		1			
4	磁阻电压转换测量表(毫伏表)		1			
5	控制电源		1			
6	励磁线圈(含电磁铁)		1			
7	锑化铟(InSb)磁阻传感器、砷化镓(GaAs)霍尔传感器		1			
8	转换继电器		1			
9	导线		若干			
班级		第 组	组长签字			
教师签字		日期				

教师实施计划单

学习场三	探究性实验				
学习情境(一)	磁阻效应				
学时	0.1 学时				
典型工作过程描述	预习实验背景—推导实验原理—制订实验步骤—进行实验操作—处理实验数据				
序号	工作与学习步骤	学时	使用工具	地点	方式	备注
1	预习实验背景	0.6	实验仪器	实验室	实操	
2	推导实验原理	0.6	实验仪器	实验室	实操	
3	制订实验步骤	0.6	实验仪器	实验室	实操	
4	进行实验操作	0.6	实验仪器	实验室	实操	
5	处理实验数据	0.6	实验仪器	实验室	实操	
班级		教师签字		日期		

分组单

学习场三	探究性实验			
学习情境（一）	磁阻效应			
学时	0.1学时			
典型工作过程描述	预习实验背景—推导实验原理—制订实验步骤—进行实验操作—处理实验数据			
分组情况	组别	组长	组员	
	1			
	2			
	3			
	4			
分组说明				
班级		教师签字		日期

教学反馈单

学习场三	探究性实验		
学习情境（一）	磁阻效应		
学时	0.1学时		
典型工作过程描述	预习实验背景—推导实验原理—制订实验步骤—进行实验操作—处理实验数据		
调查项目	序号	调查内容	理由描述
	1	是否了解磁阻效应的原理	
	2	能否正确设计实验并制订实验步骤	
	3	能否利用磁阻传感器测量磁场	

您对本次课程教学的改进意见是：

调查信息	被调查人姓名		调查日期	

成绩报告单

学习场三	探究性实验			
学习情境（一）	磁阻效应			
学时	0.1学时			
姓名			班级	
分数 （总分100分）	自评20%	互评20%	教师评60%	总分
教师签字			日期	

典型工作环节（1） 预习实验背景

预习实验背景的资讯单

学习场三	探究性实验
学习情境（一）	磁阻效应
学时	0.1 学时
典型工作过程描述	预习实验背景
搜集资讯的方式	线下书籍及线上资源相结合
资讯描述	①预习磁阻概念、磁阻效应、磁阻分类、磁阻应用等相关知识。②预习利用磁阻传感器测量磁场的方法
对学生的要求	掌握磁阻效应原理及利用磁阻传感器测量磁场数值
参考资料	大学物理实验类书籍

预习实验背景的计划单

学习场三	探究性实验		
学习情境（一）	磁阻效应		
学时	0.1 学时		
典型工作过程描述	预习实验背景		
计划制订的方式	小组讨论		
序号	工作步骤		注意事项
1	预习磁阻概念、磁阻效应、磁阻分类、磁阻应用等相关知识		
2	预习磁阻效应实验仪的使用方法		
3	预习应用磁阻传感器测量磁场的方法		
计划评价	班级	第 组	组长签字
	教师签字	日期	
	评语：		

预习实验背景的决策单

学习场三	探究性实验			
学习情境(一)	磁阻效应			
学时	0.1学时			
典型工作过程描述	预习实验背景			
计划对比				
序号	可行性	经济性	可操作性	实施难度	综合评价
1					
2					
3					
N					

决策评价	班级		第 组	组长签字	
	教师签字		日期		
	评语:				

预习实验背景的实施单

学习场三	探究性实验
学习情境(一)	磁阻效应
学时	0.1学时
典型工作过程描述	预习实验背景

序号	实施步骤	注意事项
1	预习磁阻概念、磁阻效应、磁阻分类、磁阻应用等相关知识	材料的电阻会因外加磁场而增加或减少,电阻的变化量称为磁阻。物质在磁场中电阻率发生变化的现象称为磁阻效应。若外加磁场与外加电场垂直,则称为横向磁阻效应;若外加磁场与外加电场平行,则称为纵向磁阻效应
2	预习磁阻效应实验仪使用方法,如图所示	磁阻效应综合实验仪由信号源和测试架两部分组成
3	预习应用磁阻传感器测量磁场的方法	

实施说明:

实施评价	班级		第 组	组长签字	
	教师签字		日期		
	评语:				

预习实验背景的检查单

学习场三	探究性实验			
学习情境(一)	磁阻效应			
学时	0.1 学时			
典型工作过程描述	预习实验背景			
序号	检查项目	检查标准	学生自查	教师检查
1	了解磁阻效应的相关知识	理解横向、纵向磁阻效应原理		
2	磁阻效应实验仪的使用	正确使用仪器,测量数据		
3	磁阻传感器测量磁场	求出待测磁场数值		
检查评价	班级		第 组	组长签字	
	教师签字		日期		
	评语:				

预习实验背景的评价单

学习场三	探究性实验			
学习情境(一)	磁阻效应			
学时	0.1 学时			
典型工作过程描述	预习实验背景			
评价项目	评价子项目	学生自评	组内评价	教师评价
了解磁阻效应的相关知识	理解横向、纵向磁阻效应原理			
磁阻效应实验仪的使用	正确使用仪器,测量数据			
磁阻传感器测量磁场	求出待测磁场数值			
最终结果				
评价	班级		第 组	组长签字	
	教师签字		日期		
	评语:				

典型工作环节（2） 推导实验原理

推导实验原理的资讯单

学习场三	探究性实验
学习情境（一）	磁阻效应
学时	0.1 学时
典型工作过程描述	推导实验原理
搜集资讯的方式	线下书籍及线上资源相结合
资讯描述	①了解磁阻效应的基本原理。 ②利用磁阻传感器测量磁场强度
对学生的要求	①了解磁阻效应的基本原理及测量待测磁场的方法。 ②作出电阻变化与磁感应强度的关系曲线
参考资料	大学物理实验类书籍

推导实验原理的计划单

学习场三	探究性实验			
学习情境（一）	磁阻效应			
学时	0.1 学时			
典型工作过程描述	推导实验原理			
计划制订的方式	小组讨论			
序号	工作步骤		注意事项	
1	了解磁阻效应的基本原理			
2	利用磁阻传感器测量磁场			
计划评价	班级		第 组	组长签字
	教师签字		日期	
	评语：			

推导实验原理的决策单

学习场三	探究性实验				
学习情境（一）	磁阻效应				
学时	0.1 学时				
典型工作过程描述	推导实验原理				
计划对比					
序号	可行性	经济性	可操作性	实施难度	综合评价
1					
2					
3					
N					

决策评价	班级		第 组	组长签字	
	教师签字		日期		
	评语：				

推导实验原理的实施单

学习场三	探究性实验
学习情境（一）	磁阻效应
学时	0.1 学时
典型工作过程描述	推导实验原理

序号	实施步骤	注意事项
1	一定条件下，导电材料的电阻值 R 随磁感应强度 B 变化的规律称为磁阻效应，如图所示。 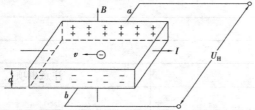 当半导体处于磁场中时，导体或半导体的载流子将受洛仑兹力的作用发生偏转，在两端产生积聚电荷并产生霍尔电场。如果霍尔电场作用和某一速度的载流子的洛仑兹力作用刚好抵消，则小于此速度的电子将沿霍尔电场作用的方向偏转，而大于此速度的电子则沿相反方向偏转，因而沿外加电场方向运动的载流子数量将减少，即沿电场方向的电流密度减小，电阻增大，也就是由于磁场的存在，增加了电阻，此现象称为磁阻效应。如果将图中 U_H 短路，磁阻效应就会更明显。因为在上述情况里，磁场与外加电场垂直，所以该磁阻效应称为横向磁阻效应。当磁感应强度平行于电流时，则是纵向情况。若载流子的有效质量和弛豫时间与移动方向无关，则纵向磁感应强度不引起载流子漂移运动的偏转，因而没有纵向密里根油滴的磁阻	对于载流子的有效质量和弛豫时间与移动方向有关的情形，若作用力的方向不在载流子的有效质量和弛豫时间的主轴方向上，此时，载流子的加速度和漂移移动方向与作用力的方向不相同，也可引起载流子漂移运动的偏转现象，其结果总是导致样品的纵向电流减小电阻增加。在磁感应强度与电流方向平行情况下所引起的电阻增加的效应，被称为纵向磁阻效应

序号	实施步骤	注意事项
2	通常以电阻率的相对改变量来表示磁阻的大小，即用 $\Delta\rho/\rho(0)$ 表示。其中 $\rho(0)$ 为零磁场时的电阻率，设磁电阻电阻值在磁感应强度为 B 的磁场的电阻率为 $\rho(B)$，则 $\Delta\rho = \rho(B) - \rho(0)$。由于磁阻传感器电阻的相对变化率 $\Delta R/R(0)$ 正比于 $\Delta\rho/\rho(0)$，这里 $\Delta R = R(B) - R(0)$。因此也可以用磁阻传感器电阻的相对改变量 $\Delta R/R(0)$ 来表示磁阻效应的大小，如图所示 	
3	测量磁电阻电阻值 R 与磁感应强度 B 的关系实验装置及线路如上图所示。尽管不同的磁阻装置有不同的灵敏度，但其电阻的相对变化率 $\Delta R/R(0)$ 与外磁场的关系都是相似的。实验证明，磁阻效应对外加磁场的极性不灵敏，就是正负磁场的效应相同	一般情况下，外加磁场较弱时，电阻相对变化率 $\Delta R/R(0)$ 正比于磁感应强度 B 的二次方；随磁场的加强，$\Delta R/R(0)$ 与磁感应强度 B 呈线性函数关系；当外加磁场超过特定值时，$\Delta R/R(0)$ 与磁感应强度 B 的响应会趋于饱和

实施说明：

实施评价	班级		第　　组		组长签字	
	教师签字			日期		
	评语：					

推导实验原理的检查单

学习场三	探究性实验			
学习情境(一)	磁阻效应			
学时	0.1 学时			
典型工作过程描述	推导实验原理			
序号	检查项目	检查标准	学生自查	教师检查
1	磁阻效应相关知识	了解横向、纵向磁阻效应		
2	磁阻效应的大小	用磁阻传感器电阻的相对改变量 $\Delta R/R(0)$ 描述		

检查评价	班级		第　　组		组长签字	
	教师签字			日期		
	评语：					

推导实验原理的评价单

学习场三	探究性实验			
学习情境（一）	磁阻效应			
学时	0.1 学时			
典型工作过程描述	推导实验原理			
评价项目	评价子项目	学生自评	组内评价	教师评价
磁阻效应相关知识	了解横向、纵向磁阻效应			
磁阻效应的大小	用磁阻传感器电阻的相对改变量 $\Delta R/R(0)$ 描述			
最终结果				
评价	班级		第　　组	组长签字	
	教师签字		日期		
	评语：				

典型工作环节（3）　制订实验步骤

制订实验步骤的资讯单

学习场三	探究性实验
学习情境（一）	磁阻效应
学时	0.1 学时
典型工作过程描述	制订实验步骤
搜集资讯的方式	线下书籍及线上资源相结合
资讯描述	①依据所求物理量，设计实验并制订实验步骤。 ②制订用磁阻传感器测量一个未知的磁场强度的实验步骤
对学生的要求	设计实验，制订正确、有序的实验步骤
参考资料	大学物理实验类书籍

制订实验步骤的计划单

学习场三	探究性实验		
学习情境（一）	磁阻效应		
学时	0.1学时		
典型工作过程描述	制订实验步骤		
计划制订的方式	小组讨论		
序号	工作步骤		注意事项
1	设计实验并制订实验步骤		
2	用磁阻传感器测量磁场强度		
计划评价	班级		第　组	组长签字	
	教师签字		日期		
	评语：				

制订实验步骤的决策单

学习场三	探究性实验			
学习情境（一）	磁阻效应			
学时	0.1学时			
典型工作过程描述	制订实验步骤			
计划对比				
序号	可行性	经济性	可操作性	实施难度	综合评价
1					
2					
3					
N					
决策评价	班级		第　组	组长签字	
	教师签字		日期		
	评语：				

171

制订实验步骤的实施单

学习场三	探究性实验
学习情境（一）	磁阻效应
学时	0.1 学时
典型工作过程描述	制订实验步骤

序号	实施步骤	注意事项
1	在锑化铟磁阻传感器工作电流保持不变的条件下,测量锑化铟磁阻传感器的电阻与磁感应强度的关系	
2	作 $\Delta R/R(0)$ 与 B 的关系曲线,并进行曲线拟合	砷化镓和锑化铟传感器工作电流应调至 1 mA
3	用磁阻传感器测量一个未知的磁场强度,与毫特计测得的磁场强度相比较,估算测量误差	

实施说明:

实施评价	班级		第　　组		组长签字	
	教师签字			日期		
	评语:					

制订实验步骤的检查单

学习场三	探究性实验
学习情境（一）	磁阻效应
学时	0.1 学时
典型工作过程描述	制订实验步骤

序号	检查项目	检查标准	学生自查	教师检查
1	制订实验步骤	正确、有序地设计实验步骤		
2	测量磁场强度	利用磁阻传感器测量磁场强度		

检查评价	班级		第　　组		组长签字	
	教师签字			日期		
	评语:					

制订实验步骤的评价单

学习场三	探究性实验			
学习情境（一）	磁阻效应			
学时	0.1学时			
典型工作过程描述	制订实验步骤			
评价项目	评价子项目	学生自评	组内评价	教师评价
制订实验步骤	正确、有序地设计实验步骤			
测量磁场强度	利用磁阻传感器测量磁场强度			
最终结果				
评价	班级		第　组	组长签字	
	教师签字		日期		
	评语：				

典型工作环节（4） 进行实验操作

进行实验操作的资讯单

学习场三	探究性实验
学习情境（一）	磁阻效应
学时	0.1学时
典型工作过程描述	进行实验操作
搜集资讯的方式	线下书籍及线上资源相结合
资讯描述	①准备实验仪器，连接实验装置。 ②测量锑化铟磁阻传感器的电阻与磁感应强度的关系
对学生的要求	按照正确的实验步骤完成实验
参考资料	大学物理实验类书籍

进行实验操作的计划单

学习场三	探究性实验
学习情境（一）	磁阻效应
学时	0.1 学时
典型工作过程描述	进行实验操作
计划制订的方式	小组讨论

序号	工作步骤	注意事项
1	明确实验要测量的物理量	
2	准备连接调试实验仪器	
3	按照实验步骤进行实验	

计划评价	班级		第　　组	组长签字	
	教师签字		日期		
	评语：				

进行实验操作的决策单

学习场三	探究性实验
学习情境（一）	磁阻效应
学时	0.1 学时
典型工作过程描述	进行实验操作

计划对比

序号	可行性	经济性	可操作性	实施难度	综合评价
1					
2					
3					
N					

决策评价	班级		第　　组	组长签字	
	教师签字		日期		
	评语：				

进行实验操作的实施单

学习场三	探究性实验
学习情境（一）	磁阻效应
学时	0.1 学时
典型工作过程描述	制订实验步骤

序号	实施步骤	注意事项
1	信号源的"I_M 直流源"端用导线接至测试架的"励磁电流"输入端，红导线与红接线柱相连，黑导线与黑接线柱相连。调节"I_M 电流调节"电位器可改变输入励磁线圈电流的大小，从而改变电磁铁间隙中磁感应强度的大小	
2	将实验仪信号源背部的二芯话筒通过专用的二芯话筒线接至测试架的工作电压输入端，这是一路提供继电器工作的 12 V 直流控制电源，作为继电器的控制电压。红导线插接红接线柱，黑导线插接黑接线柱	信号源上"I_S 直流恒流源"输出用导线接至工作电流切换继电器 K_1 接线柱的中间两端，红导线与红接线柱相连，黑导线与黑接线柱相连
3	信号源的"信号输入"两端用导线接至输出信号切换继电器 K_2 接线柱的中间两端，红导线与红接线柱相连，黑导线与黑接线柱相连	将继电器 K_1 接线柱的下面两端与继电器 K_2 接线柱的下面两端相连，红导线与红接线柱相连，黑导线与黑接线柱相连
4	将锑化铟(InSb)磁阻传感器(蓝、绿引出线)的两端与工作电流切换继电器 K_1 接线柱的下面两端相连。红导线插接红接线柱，黑导线插接黑接线柱，即蓝引出线接至红接线柱，绿引出线接至黑接线柱	砷化镓(GaAs)霍尔传感器的四引出线按线的长短分成两组，红、棕为一组(工作电流输入端)，黄、橙为一组(霍尔电压输出端)，红、棕这一组线接至工作电流切换继电器 K_1 接线柱的上面两端，黄、橙这一组线接至输出信号切换继电器 K_2 接线柱的上面两端。红导线插接红接线柱，黑导线插接黑接线柱
5	确认接线正确完成后，打开交流电源，将信号源及测试架的切换开关都处于按下状态，这时将测试架上取出的霍尔电压信号输入到信号源，经内部处理转换成磁场强度由表头显示。调节 I_S 调节电位器让 I_S 表头显示为1.00 mA，然后调节 I_M，使磁场强度显示为10 mT，记录励磁电流值的大小。按下信号源及测试架上的切换开关，测量并记录该磁场强度下对应的磁阻电压	这时的 I_S 表头显示应为 1.00 mA

续表

序号	实施步骤	注意事项
6	将信号源及测试架上的切换开关弹起,再调节 I_M 调节电位器,使磁场强度显示为 20 mT,记录该磁场强度及对应的励磁电流值。测量并记录该磁场强度下对应的磁阻电压	

实施说明:

实施评价	班级		第　组		组长签字	
	教师签字		日期			
	评语:					

进行实验操作的检查单

学习场三	探究性实验			
学习情境(一)	磁阻效应			
学时	0.1 学时			
典型工作过程描述	进行实验操作			
序号	检查项目	检查标准	学生自查	教师检查
1	使用磁阻效应实验仪等实验操作	熟练使用仪器,有序进行实验操作		
2	磁阻电压	测量磁场强度下对应的磁阻电压		

检查评价	班级		第　组		组长签字	
	教师签字		日期			
	评语:					

进行实验操作的评价单

学习场三	探究性实验			
学习情境（一）	磁阻效应			
学时	0.1学时			
典型工作过程描述	进行实验操作			
评价项目	评价子项目	学生自评	组内评价	教师评价
使用磁阻效应等实验操作	熟练使用仪器,有序进行实验操作			
磁阻电压	测量磁场强度下对应的磁阻电压			
最终结果				

评价	班级		第　组		组长签字	
	教师签字		日期			
	评语：					

典型工作环节（5）　处理实验数据

处理实验数据的资讯单

学习场三	探究性实验
学习情境（一）	磁阻效应
学时	0.1学时
典型工作过程描述	处理实验数据
搜集资讯的方式	线下书籍及线上资源相结合
资讯描述	①记录数据,测量锑化铟传感器的电阻与磁感应强度的关系。 ②画出锑化铟传感器电阻变化与磁感应强度的关系曲线,并进行相应的曲线和直线拟合。观察规律,求出待测磁场数值
对学生的要求	能正确分析锑化铟传感器电阻变化与磁感应强度的关系曲线,求出待测磁场数值
参考资料	大学物理实验类书籍

处理实验数据的计划单

学习场三	探究性实验		
学习情境（一）	磁阻效应		
学时	0.1学时		
典型工作过程描述	处理实验数据		
计划制订的方式	小组讨论		
序号	工作步骤		注意事项
1	掌握实验原理		
2	测量所需的实验数据		
3	处理实验数据,求出待求物理量		

计划评价	班级		第　组		组长签字	
	教师签字		日期			
	评语：					

处理实验数据的决策单

学习场三	探究性实验
学习情境（一）	磁阻效应
学时	0.1 学时
典型工作过程描述	处理实验数据

计划对比

序号	可行性	经济性	可操作性	实施难度	综合评价
1					
2					
3					
N					

决策评价	班级		第　　组		组长签字	
	教师签字			日期		
	评语：					

处理实验数据的实施单

学习场三	探究性实验
学习情境（一）	磁阻效应
学时	0.1 学时
典型工作过程描述	处理实验数据

序号	实施步骤	注意事项
1	根据表 1 数据列出表 2，在 $B < 0.06$ T 时对 $\Delta R/R(0)$ 作曲线拟合，求出 R 与 B 的关系	表1　　　　电流 $I_s = 1$ mA 表格：电磁铁 I_M/mA，InSb U_R/mA，B-$\Delta R/R(0)$ 对应关系（B/mT，R/Ω，$\Delta R/R(0)$） $$\Delta R/R(0) = 14.5\,B^2$$ 由上面拟合可知，在 $B < 0.06$ T 时磁阻变化率 $\Delta R/R(0)$ 与磁感应强度 B 成二次函数关系
2	根据表 1 数据列出表 3，在 $B > 0.12$ T 时对 $\Delta R/R(0)$ 作曲线拟合，求出 R 与 B 的关系	表2 表格：$\Delta R/R(0)_i$，B_i，$\Delta R/R(0)_i \times B_i$，$(\Delta R/R(0)_i)^2$，$B_i^2$

序号	实施步骤	注意事项
3	调节 I_M 电流，使电磁铁产生一个未知的磁场强度。测量磁阻传感器的磁阻电压，根据求得的 $\Delta R/R(0)$ 与 B 的关系曲线，求得磁场强度	对表1数据在 $B>0.12$ T 时对 $\Delta R/R(0)$ 作曲线拟合见表3：
4	用仪器所配的毫特计测量该磁场强度，将测得的磁场强度作为准确值与磁阻传感器测得的磁场强度值与相比较，估算测量误差	由上面拟合可知在 $B>0.12$ T 时磁阻变化率 $\Delta R/R(0)$ 与磁感应强度 B 成一次函数关系 $$\Delta R/R(0)=5.35B-0.59$$
5	仪器开机前将 I_M 调节电位器、I_S 电流调节电位器逆时针方向旋到底。调节 I_S 调节电位器，让 I_S 表头显示为 1.00 mA，实验过程中保持 I_S 不变，然后调节 I_M 使得 $B=0,10,20,\cdots,180$ mT，分别测量磁阻电压 V_R	测量时测试架和信号源上的要同时按下测 B，同时抬起测 V_R
6	进行数据拟合。运用 Origin 软件作出 $\Delta R/R(0)\text{-}B$ 的图像，如图所示	
7	对 $B>0.12$ T 的数据可用最小二乘法处理	以 B 为横坐标 x，$\Delta R/R(0)$ 为纵坐标 y：$y=bx+a$ $$b=\frac{\overline{xy}-\bar{x}\cdot\bar{y}}{\overline{x^2}-\bar{x}^2},\quad a=\bar{y}-b\,\bar{x}$$ 相关系数：$r=\dfrac{\overline{xy}-\bar{x}\cdot\bar{y}}{\sqrt{(\overline{x^2}-\bar{x}^2)-(\overline{y^2}-\bar{y}^2)}}$

表3

$\Delta R/R(0)_i$	B_i	$\Delta R/R(0)_i \times B_i$	$(\Delta R/R(0)_i)^2$	B_i^2

表4

I_M/mA	B/mT	V_R/mV	R/Ω	$\Delta R/R(0)$

实施说明：

实施评价	班级		第　　组	组长签字	
	教师签字		日期		
	评语：				

处理实验数据的检查单

学习场三	探究性实验			
学习情境（一）	磁阻效应			
学时	0.1 学时			
典型工作过程描述	处理实验数据			
序号	检查项目	检查标准	学生自查	教师检查
1	$\Delta R/R(0)$ 与 B 的关系	正确处理数据,绘制曲线		
2	磁场强度	求出待测磁场强度		
检查评价	班级		第　组	组长签字
	教师签字		日期	
	评语:			

处理实验数据的评价单

学习场三	探究性实验			
学习情境（一）	磁阻效应			
学时	0.1 学时			
典型工作过程描述	处理实验数据			
评价项目	评价子项目	学生自评	组内评价	教师评价
$\Delta R/R（0）$ 与 B 的关系	正确处理数据,绘制曲线			
磁场强度	求出待测磁场强度			
最终结果				
评价	班级		第　组	组长签字
	教师签字		日期	
	评语:			

学习情境（二）　液体电导率的测量

液体电导率的测量的辅助表单

学习场三	探究性实验				
学习情境（二）	液体电导率的测量				
学时	0.3 学时				
典型工作过程描述	预习实验背景—推导实验原理—制订实验步骤—进行实验操作—处理实验数据				
学习目标	典型工作环节(1)预习实验背景的学习目标 ①预习液体电导率等的基本概念。 ②预习利用测量传感器放入液体中时，传感器输出电压与液体电导率的关系。 典型工作环节(2)推导实验原理的学习目标 ①理解互感式液体电导率传感器基本原理。 ②理解法拉第电磁感应定律、欧姆定律和互感器的原理。 典型工作环节(3)制订实验步骤的学习目标 ①依据所求物理量，设计实验并制订实验步骤。 ②制订测量传感器输出电压与液体电导率的关系的步骤。 典型工作环节(4)进行实验操作的学习目标 ①组装实验仪器，有序进行实验操作。 ②重复实验 3 次，整理实验仪器。 典型工作环节(5)处理实验数据的学习目标 ①记录数据，测量 V_{out}/V_{in}-$1/R$ 关系。 ②作 V_{out}/V_{in}-$1/R$ 关系图，取部分作直线图，计算 K 值。 ③观察规律，求出饱和盐水的电导率				
任务描述	首先，学习根据实验要求设计实验、完成某种规律的探究方法；其次，了解互感式液体电导率传感器的基本原理；再次，测量传感器输出电压与液体电导率的关系，作 V_{out}/V_{in}-$1/R$ 关系图，取部分作直线图，计算 K 值；最后，处理数据，测量饱和盐水的电导率				
学时安排	资讯 0.5 学时	计划 0.5 学时	决策 0.5 学时	实施 0.5 学时	检查 0.5 学时	评价 0.5 学时
对学生的要求	①用精密标准电阻对互感式液体电导率传感器进行定标。 ②测量室温时盐水饱和溶液的电导率				
参考资料	大学物理实验类书籍				

材料工具清单

学习场三	探究性实验					
学习情境（二）	液体电导率的测量					
学时	0.2 学时					
典型工作过程描述	预习实验背景—推导实验原理—制订实验步骤—进行实验操作—处理实验数据					
序号	名称	作用	数量	型号	使用量	使用者
1	液体电导率测量实验仪		1			
2	实验信号源		1	2 500 Hz		
3	中空互感式液体电导率测量传感器		1			
4	一组高精度系列电阻		若干			
5	三位半数字交流电压表		1			
6	实验量杯		1	1 000 mL		
7	食盐		1	100 g		
8	自来水		1	700 mL		
9	导线		若干			
班级		第　组		组长签字		
教师签字		日期				

教师实施计划单

学习场三	探究性实验					
学习情境（二）	液体电导率的测量					
学时	0.1 学时					
典型工作过程描述	预习实验背景—推导实验原理—制订实验步骤—进行实验操作—处理实验数据					
序号	工作与学习步骤	学时	使用工具	地点	方式	备注
1	预习实验背景	0.6	实验仪器	实验室	实操	
2	推导实验原理	0.6	实验仪器	实验室	实操	
3	制订实验步骤	0.6	实验仪器	实验室	实操	
4	进行实验操作	0.6	实验仪器	实验室	实操	
5	处理实验数据	0.6	实验仪器	实验室	实操	
班级		教师签字			日期	

分组单

学习场三	探究性实验			
学习情境（二）	液体电导率的测量			
学时	0.1 学时			
典型工作过程描述	预习实验背景—推导实验原理—制订实验步骤—进行实验操作—处理实验数据			
分组情况	组别	组长	组员	
	1			
	2			
	3			
	4			
分组说明				
班级		教师签字		日期	

教学反馈单

学习场三	探究性实验		
学习情境（二）	液体电导率的测量		
学时	0.1 学时		
典型工作过程描述	预习实验背景—推导实验原理—制订实验步骤—进行实验操作—处理实验数据		
调查项目	序号	调查内容	理由描述
	1	是否了解互感式液体电导率传感器的基本原理	
	2	能否正确设计实验并制订实验步骤	
	3	能否测量饱和盐水的电导率	
您对本次课程教学的改进意见是：			
调查信息	被调查人姓名		调查日期	

成绩报告单

学习场三	探究性实验			
学习情境（二）	液体电导率的测量			
学时	0.1 学时			
姓名		班级		
分数 （总分 100 分）	自评 20%	互评 20%	教师评 60%	总分
教师签字		日期		

典型工作环节(1) 预习实验背景

预习实验背景的资讯单

学习场三	探究性实验
学习情境(二)	液体电导率的测量
学时	0.1学时
典型工作过程描述	预习实验背景
搜集资讯的方式	线下书籍及线上资源相结合
资讯描述	①预习液体电导率等的基本概念。 ②预习利用测量传感器放入液体中时,传感器输出电压与液体电导率的关系
对学生的要求	掌握互感式液体电导率传感器的原理及利用传感器测量饱和盐水的电导率
参考资料	大学物理实验类书籍

预习实验背景的计划单

学习场三	探究性实验		
学习情境(二)	液体电导率的测量		
学时	0.1学时		
典型工作过程描述	预习实验背景		
计划制订的方式	小组讨论		
序号	工作步骤		注意事项
1	预习液体电导率、互感式液体电导率传感器的原理		
2	预习液体电导率测量实验仪的使用方法		
3	预习应用传感器测量饱和盐水的电导率的方法		
计划评价	班级	第 组	组长签字
	教师签字	日期	
	评语:		

预习实验背景的决策单

学习场三	探究性实验				
学习情境（二）	液体电导率的测量				
学时	0.1学时				
典型工作过程描述	预习实验背景				
计划对比					
序号	可行性	经济性	可操作性	实施难度	综合评价
1					
2					
3					
N					
决策评价	班级		第　　　组	组长签字	
	教师签字		日期		
	评语：				

预习实验背景的实施单

学习场三	探究性实验	
学习情境（二）	液体电导率的测量	
学时	0.1学时	
典型工作过程描述	预习实验背景	
序号	实施步骤	注意事项
1	预习液体电导率等的相关知识。电导率是以数字表示溶液传导电流的能力。纯水的电导率很小，当水中含有无机酸、碱、盐或有机带电胶体时，电导率就增加。电导率常用于间接推测水中带电荷物质的总浓度。水溶液的电导率取决于带电荷物质的性质和浓度、溶液的温度和黏度等	电导率的标准单位是 S/m（西门子/米），一般实际使用单位为 mS/m，常用单位 μS/cm（微西门子/厘米）。单位间的转换为 $1\ mS/m = 0.01\ mS/cm = 10\ \mu S/cm$
2	预习液体电导率测量实验仪的使用方法	FD-LCM-A 液体电导率测量实验仪（含频率为 2 500 Hz 的实验信号源；中空互感式液体电导率测量传感器；一组高精度系列电阻；三位半数字交流电压表；1 000 mL 实验量杯及实验连接线；食盐 100 g 和自来水 700 mL）
3	预习应用传感器测量饱和盐水的电导率的方法	
实施说明：		
实施评价	班级	第　　　组　　组长签字
	教师签字	日期
	评语：	

预习实验背景的检查单

学习场三	探究性实验			
学习情境(二)	液体电导率的测量			
学时	0.1学时			
典型工作过程描述	预习实验背景			
序号	检查项目	检查标准	学生自查	教师检查
1	了解液体电导率的相关知识	掌握电导率测定水质的意义及测定方法		
2	液体电导率测量实验仪的使用	正确使用仪器,测量数据		
3	传感器测量饱和盐水的电导率	求出待测饱和盐水的电导率		

检查评价	班级		第　　组	组长签字	
	教师签字		日期		
	评语:				

预习实验背景的评价单

学习场三	探究性实验			
学习情境(二)	液体电导率的测量			
学时	0.1学时			
典型工作过程描述	预习实验背景			
评价项目	评价子项目	学生自评	组内评价	教师评价
了解液体电导率的相关知识	掌握电导率测定水质的意义及测定方法			
液体电导率测量实验仪的使用	正确使用仪器,测量数据			
传感器测量饱和盐水的电导率	求出待测饱和盐水的电导率			
最终结果				

评价	班级		第　　组	组长签字	
	教师签字		日期		
	评语:				

典型工作环节（2） 推导实验原理

推导实验原理的资讯单

学习场三	探究性实验
学习情境（二）	液体电导率的测量
学时	0.1学时
典型工作过程描述	推导实验原理
搜集资讯的方式	线下书籍及线上资源相结合
资讯描述	①了解中空互感式液体电导率测量传感器的基本原理。 ②利用传感器测量饱和盐水的电导率
对学生的要求	了解传感器的基本原理及测量待测电导率的方法
参考资料	大学物理实验类书籍

推导实验原理的计划单

学习场三	探究性实验		
学习情境（二）	液体电导率的测量		
学时	0.1学时		
典型工作过程描述	推导实验原理		
计划制订的方式	小组讨论		
序号	工作步骤		注意事项
1	了解互感式测量传感器的基本原理		
2	利用传感器测量液体电导率		
计划评价	班级		第　　组	组长签字	
	教师签字		日期		
	评语：				

推导实验原理的决策单

学习场三	探究性实验				
学习情境(二)	液体电导率的测量				
学时	0.1 学时				
典型工作过程描述	推导实验原理				
计划对比					
序号	可行性	经济性	可操作性	实施难度	综合评价
1					
2					
3					
N					

决策评价	班级		第　　组	组长签字	
	教师签字		日期		
	评语:				

推导实验原理的实施单

学习场三	探究性实验
学习情境(二)	液体电导率的测量
学时	0.1 学时
典型工作过程描述	推导实验原理

序号	实施步骤	注意事项
1	FD-LCM-A 液体电导率测量实验仪。测量液体的电导率采用一种中空互感式液体电导率测量传感器。传感器内部由两个纳米材料铁基合金环的电感线圈组成,每环各绕一组线圈,两组线圈匝数相同,其结构示意如图所示 （结构示意图，标注2、1、1、2）	

序号	实施步骤	注意事项
2	互感式传感器的工作原理。由信号发生器输出的交变电流在线圈(1,1)环内产生交变磁场,该磁场在导电液体中产生交变的感生电流,由于液体中的感生电流使同在液体中的线圈(2,2)环内产生交变磁场,该磁场在线圈(2,2)内又产生感生电动势,成为传感器的输出信号	改变液体的电导率(σ),在相同的输入幅度(V_{in})条件下,感生电流会发生变化,导致传感器的输出信号电压(V_{out})的变化。可以证明,液体的电导率在一定的V_{in}范围内,σ与V_{out}成正比,所以可以写成 $$\sigma = K(V_{out}/V_{in}) \quad (1)$$
3	在测量中,称V_{out}/V_{in}为电压衰减,所以在某一确定输入幅度的驱动下,电导率与电压衰减成正比。在测量装置中,盛放待测液体的容器很大,V_{out}的大小主要与传感器的中空圆柱体的液体(简称液体柱)有关,可从液体柱来计算液体的电导率。传感器的液体柱电阻与固体电阻相当,所以 $$R = \rho \frac{L}{S} = \frac{1}{\sigma} \frac{L}{S}, \sigma = \frac{1}{R} \frac{L}{S} \quad (2)$$ 比较式(1)、式(2)可得: $$V_{out}/V_{in} = \frac{1}{K} \frac{L}{S} \frac{1}{R} = B \frac{1}{R} \quad (3)$$ 式(3)中 $$B = \frac{1}{K} \frac{L}{S}$$ 也可写成: $$K = \frac{1}{B} \frac{L}{S}$$ 代入式(1)可得到: $$\sigma = \left(\frac{1}{B} \frac{L}{S} \right) V_{out}/V_{in} \quad (4)$$	用此传感器测液体电导率时,与它的中空圆柱体长度L,截面积S,电压衰减(V_{out}/V_{in})和比例常数B有关。而"外面"的液体,因为等效的S很大,R很小。所以,液体中的感生电流主要由中空圆柱体内的液体柱的阻值限定。在实验中,为了多点定标比例常数B,需要配备多种标准σ的液体,这样操作既费时又困难。因此根据上面的原理,用电阻回路也称为"校核标准"R来代替标准σ的液体,使实验方便准确
4	"校核标准"的结构就是将标准电阻替代液体柱,短接标准电阻两端,成为电阻回路。需要注意的是,电阻回路的一部分必须从传感器中空圆柱体内穿过	实验证明,"校核标准"和实际盐水配置的标准结果,误差不大于10^{-3}量级。加上标准液体的电导率对温度较敏感,所以实际应用都不用标准盐水进行定标

实施说明:

实施评价	班级		第　组		组长签字	
	教师签字		日期			
	评语:					

推导实验原理的检查单

学习场三	探究性实验			
学习情境（二）	液体电导率的测量			
学时	0.1学时			
典型工作过程描述	推导实验原理			
序号	检查项目	检查标准	学生自查	教师检查
1	液体电导率测量实验仪	了解液体电导率测量实验仪的工作原理		
2	电导率表达式	推导电导率公式		
检查评价	班级		第　组	组长签字	
	教师签字		日期		
	评语：				

推导实验原理的评价单

学习场三	探究性实验			
学习情境（二）	液体电导率的测量			
学时	0.1学时			
典型工作过程描述	推导实验原理			
评价项目	评价子项目	学生自评	组内评价	教师评价
液体电导率测量实验仪	了解液体电导率测量实验仪的工作原理			
电导率表达式	推导电导率公式			
最终结果				
评价	班级		第　组	组长签字	
	教师签字		日期		
	评语：				

典型工作环节(3)　制订实验步骤

制订实验步骤的资讯单

学习场三	探究性实验
学习情境(二)	液体电导率的测量
学时	0.1 学时
典型工作过程描述	制订实验步骤
搜集资讯的方式	线下书籍及线上资源相结合
资讯描述	①依据所求物理量,设计实验并制订实验步骤。 ②制订用传感器测量饱和盐水电导率的步骤
对学生的要求	制订正确、有序的实验步骤设计实验
参考资料	大学物理实验类书籍

制订实验步骤的计划单

学习场三	探究性实验	
学习情境(二)	液体电导率的测量	
学时	0.1 学时	
典型工作过程描述	制订实验步骤	
计划制订的方式	小组讨论	
序号	工作步骤	注意事项
1	设计实验并制订实验步骤	
2	用传感器测量饱和盐水的电导率	

计划评价	班级		第　　　组	组长签字	
	教师签字		日期		
	评语:				

制订实验步骤的决策单

学习场三	探究性实验			
学习情境（二）	液体电导率的测量			
学时	0.1 学时			
典型工作过程描述	制订实验步骤			
计划对比				
序号	可行性	经济性	可操作性	实施难度	综合评价
1					
2					
3					
N					

决策评价	班级		第　组	组长签字	
	教师签字		日期		
	评语：				

制订实验步骤的实施单

学习场三	探究性实验
学习情境（二）	液体电导率的测量
学时	0.1 学时
典型工作过程描述	制订实验步骤

序号	实施步骤	注意事项
1	连接实验仪器,如图所示 	
2	将外接标准电阻来代替液体,如图所示 	

续表

序号	实施步骤	注意事项
3	测量不同"校核标准"(不能少于20点)时的(V_{out}/V_{in})值,记录数据,计算$K = \dfrac{1}{B}\dfrac{L}{S}$数值	
4	写出(V_{out}/V_{in})与$(1/R)$线性关系式,测量常温下饱和盐水溶液的电导率	

实施说明:

实施评价	班级		第 组	组长签字	
	教师签字		日期		
	评语:				

制订实验步骤的检查单

学习场三	探究性实验
学习情境(二)	液体电导率的测量
学时	0.1学时
典型工作过程描述	制订实验步骤

序号	检查项目	检查标准	学生自查	教师检查
1	制订实验步骤	正确、有序地设计实验步骤		
2	测量电导率	利用传感器测量饱和盐水的电导率		

检查评价	班级		第 组	组长签字	
	教师签字		日期		
	评语:				

制订实验步骤的评价单

学习场三	探究性实验			
学习情境(二)	液体电导率的测量			
学时	0.1学时			
典型工作过程描述	制订实验步骤			
评价项目	评价子项目	学生自评	组内评价	教师评价
制订实验步骤	正确、有序地设计实验步骤			
测量电导率	利用传感器测量饱和盐水的电导率			
最终结果				
评价	班级		第　　组	组长签字	
	教师签字		日期		
	评语:				

典型工作环节(4)　进行实验操作

进行实验操作的资讯单

学习场三	探究性实验
学习情境(二)	液体电导率的测量
学时	0.1学时
典型工作过程描述	进行实验操作
搜集资讯的方式	线下书籍及线上资源相结合
资讯描述	①准备实验仪器,连接实验装置。 ②测量传感器输出电压与液体电导率的关系
对学生的要求	按正确的实验步骤完成实验
参考资料	大学物理实验类书籍

进行实验操作的计划单

学习场三	探究性实验		
学习情境（二）	液体电导率的测量		
学时	0.1学时		
典型工作过程描述	进行实验操作		
计划制订的方式	小组讨论		
序号	工作步骤		注意事项
1	明确实验要测量的物理量		
2	准备连接调试实验仪器		
3	按照实验步骤进行实验		
计划评价	班级	第　　组	组长签字
	教师签字	日期	
	评语：		

进行实验操作的决策单

学习场三	探究性实验				
学习情境（二）	液体电导率的测量				
学时	0.1学时				
典型工作过程描述	进行实验操作				
计划对比					
序号	可行性	经济性	可操作性	实施难度	综合评价
1					
2					
3					
N					
决策评价	班级		第　　组	组长签字	
	教师签字		日期		
	评语：				

进行实验操作的实施单

学习场三	探究性实验
学习情境（二）	液体电导率的测量
学时	0.1 学时
典型工作过程描述	制订实验步骤

序号	实施步骤	注意事项
1	液体电导率测量的实验连接图，如图所示。为了保证测量的准确性，实验必须利用选择开关，使测量传感器输入电压 V_{in} 和输出电压 V_{out} 能快速转换，并在同一个数字电压表上显示。定标时将外接标准电阻来代替液体。将一根导线穿过传感器的中空圆柱体，接在标准电阻的两端成为电阻回路 	
2	根据"校核标准"范围：$[0.00\sim9.50]\,\Omega$，测量不同"校核标准"（不能少于 20 点）时的 (V_{out}/V_{in}) 值，记录在数据表格内。测量时注意随时调节 V_{in} 的幅度，在整个测量过程中 V_{in} 保持不变，如图所示 	
3	测量传感器的有关尺寸，计算 $K=\dfrac{1}{B}\dfrac{L}{S}$ 值，写出仪器测量液体电导率的计算公式和相对不确定度公式	
4	取电压衰减 (V_{out}/V_{in}) 为纵坐标，液体柱的倒数 $(1/R)$ 为横坐标作图（不少于 20 点）。可以看出，传感器感生电流在某一范围内是线性的。写出 (V_{out}/V_{in}) 与 $(1/R)$ 线性关系式	计算平均斜率值 $\left(定义为：A_B=\dfrac{1}{2}(B_{max}+B_{min})\right)$ 和斜率的相对误差 $\left(定义为：E_B=\dfrac{B_{max}-B_{min}}{B_{max}+B_{min}}\times100\%\right)$。式中，$B_{max}$ 和 B_{min} 分别为斜率的最大可能值和最小可能值

续表

序号	实施步骤	注意事项
5	测量常温下饱和盐水溶液的电导率,写出结果	

实施说明:

实施评价	班级		第　组		组长签字	
	教师签字		日期			
	评语:					

进行实验操作的检查单

学习场三	探究性实验			
学习情境(二)	液体电导率的测量			
学时	0.1学时			
典型工作过程描述	进行实验操作			
序号	检查项目	检查标准	学生自查	教师检查
1	使用液体电导率实验仪等进行实验操作	熟练使用仪器,有序进行实验操作		
2	电导率的测量	利用传感器测量饱和盐水的电导率		

检查评价	班级		第　组		组长签字	
	教师签字		日期			
	评语:					

进行实验操作的评价单

学习场三	探究性实验			
学习情境(二)	液体电导率的测量			
学时	0.1学时			
典型工作过程描述	进行实验操作			
评价项目	评价子项目	学生自评	组内评价	教师评价
使用液体电导率实验仪等进行实验操作	熟练使用仪器,有序进行实验操作			
电导率的测量	利用传感器测量饱和盐水的电导率			
最终结果				

评价	班级		第　组		组长签字	
	教师签字		日期			
	评语:					

典型工作环节(5) 处理实验数据

处理实验数据的资讯单

学习场三	探究性实验
学习情境(二)	液体电导率的测量
学时	0.1 学时
典型工作过程描述	处理实验数据
搜集资讯的方式	线下书籍及线上资源相结合
资讯描述	①记录数据,测量 V_{out}/V_{in}-$1/R$ 关系。 ②作 V_{out}/V_{in}-$1/R$ 关系图,取部分作直线图,计算 K 值。 ③观察规律,求出饱和盐水的电导率
对学生的要求	能正确分析 V_{out}/V_{in}-$1/R$ 关系的关系曲线,求出待测电导率数值
参考资料	大学物理实验类书籍

处理实验数据的计划单

学习场三	探究性实验			
学习情境(二)	液体电导率的测量			
学时	0.1 学时			
典型工作过程描述	处理实验数据			
计划制订的方式	小组讨论			
序号	工作步骤		注意事项	
1	掌握实验原理			
2	测量所需的实验数据			
3	处理实验数据,求出待求物理量			
计划评价	班级		第 组	组长签字	
	教师签字		日期		
	评语:				

处理实验数据的决策单

学习场三	探究性实验			
学习情境（二）	液体电导率的测量			
学时	0.1 学时			
典型工作过程描述	处理实验数据			

<table>
<tr><td colspan="6" align="center">计划对比</td></tr>
<tr><td>序号</td><td>可行性</td><td>经济性</td><td>可操作性</td><td>实施难度</td><td>综合评价</td></tr>
<tr><td>1</td><td></td><td></td><td></td><td></td><td></td></tr>
<tr><td>2</td><td></td><td></td><td></td><td></td><td></td></tr>
<tr><td>3</td><td></td><td></td><td></td><td></td><td></td></tr>
<tr><td>N</td><td></td><td></td><td></td><td></td><td></td></tr>
</table>

<table>
<tr><td rowspan="3">决策评价</td><td>班级</td><td></td><td>第　　组</td><td>组长签字</td><td></td></tr>
<tr><td>教师签字</td><td></td><td>日期</td><td></td><td></td></tr>
<tr><td colspan="5">评语：</td></tr>
</table>

处理实验数据的实施单

学习场三	探究性实验
学习情境（二）	液体电导率的测量
学时	0.1 学时
典型工作过程描述	处理实验数据

序号	实施步骤	注意事项
1	V_{out}/V_{in}-$1/R$ 关系测量(29 ℃)	<table><tr><td>R/Ω</td><td>V_{in}/V</td><td>V_{out}/V</td><td>$(1/R)/s$</td><td>V_{out}/V_{in}</td></tr><tr><td></td><td></td><td></td><td></td><td></td></tr></table>
2	作 V_{out}/V_{in}-$1/R$ 关系图,如图所示($1/R$ 由 0～5 s) 	
3	取 V_{out}/V_{in}-$1/R$ 作直线图,如图所示($1/R$ 由 0～0.25 s) 	

续表

序号	实施步骤	注意事项
4	K值计算	传感器实际：$L = 30.16$ mm，$d = 13.50$ mm，即 $S = \pi\left(\frac{1}{2}d\right)^2 = 143.07$ mm²，又 $B = 0.844$ Ω $K = \frac{1}{B}\frac{L}{S} = 0.250$ S/mm
5	测量饱和盐水的电导率	①盐水温度 35.6 ℃，$V_{out} = 0.125$ V $\sigma = \left(\frac{1}{B}\frac{L}{S}\right)V_{out}/V_{in} = 0.250 \times 0.125/1.805$ S/mm = 0.017 3 S/mm = 17.3 S/m ②盐水温度 40 ℃，$V_{out} = 0.141$ V $\sigma = \left(\frac{1}{B}\frac{L}{S}\right)V_{out}/V_{in} = 0.250 \times 0.141/1.805$ S/mm = 0.019 5 S/mm = 19.5 S/m ③盐水温度 45 ℃，$V_{out} = 0.149$ V $\sigma = \left(\frac{1}{B}\frac{L}{S}\right)V_{out}/V_{in} = 0.250 \times 0.149/1.805$ S/mm = 0.020 6 S/mm = 20.6 S/m

实施说明：

实施评价	班级		第 组		组长签字	
	教师签字		日期			
	评语：					

处理实验数据的检查单

学习场三	探究性实验
学习情境（二）	液体电导率的测量
学时	0.1 学时
典型工作过程描述	处理实验数据

序号	检查项目	检查标准	学生自查	教师检查
1	V_{out}/V_{in}-$1/R$ 的关系	正确处理数据，绘制曲线		
2	电导率的测量	测量饱和盐水的电导率		

检查评价	班级		第 组		组长签字	
	教师签字		日期			
	评语：					

处理实验数据的评价单

学习场三	探究性实验			
学习情境（二）	液体电导率的测量			
学时	0.1 学时			
典型工作过程描述	处理实验数据			
评价项目	评价子项目	学生自评	组内评价	教师评价
V_{out}/V_{in}-$1/R$ 的关系	正确处理数据，绘制曲线			
电导率的测量	测量饱和盐水的电导率			
最终结果				
评价	班级	第　　组	组长签字	
	教师签字		日期	
	评语：			

学习情境(三) 毛细管法液体黏滞系数的测量

毛细管法液体黏滞系数的测量的辅助表单

学习性工作任务单

学习场三	探究性实验				
学习情境(三)	毛细管法液体黏滞系数的测量				
学时	0.3 学时				
典型工作过程描述	预习实验背景—推导实验原理—制订实验步骤—进行实验操作—处理实验数据				
学习目标	典型工作环节(1)预习实验背景的学习目标 ①预习泊肃叶公式的应用、黏性等的基本概念。 ②预习用毛细管法测量液体黏滞系数的方法。 典型工作环节(2)推导实验原理的学习目标 ①理解比较法的测量原理。 ②理解用奥氏黏度计测量液体黏滞系数的方法。 典型工作环节(3)制订实验步骤的学习目标 ①依据所求物理量,设计实验并制订实验步骤。 ②制订用奥氏黏度计测量液体黏滞系数的步骤。 典型工作环节(4)进行实验操作的学习目标 ①组装实验仪器,有序进行实验操作。 ②重复实验3次,整理实验仪器。 典型工作环节(5)处理实验数据的学习目标 ①记录密度数据,测量不同温度下,相同体积被测液体经毛细管流入 c 球的时间 t。 ②利用比较法,代入公式 $\eta_2 = \eta_1 \dfrac{\rho_1 t_1}{\rho_2 t_2}$,计算待测液体黏滞系数				
任务描述	首先,学习根据实验要求设计实验、完成某种规律的探究方法;其次,了解泊肃叶公式的基本原理;再次,了解用毛细管法测量液体黏滞系数的方法,记录密度数据,测量不同温度下,相同体积被测液体经毛细管流入 c 球的时间 t;最后,处理数据,利用比较法,计算待测液体黏滞系数				
学时安排	资讯 0.5 学时	计划 0.5 学时	决策 0.5 学时	实施 0.5 学时	检查 0.5 学时	评价 0.5 学时

对学生的要求	①了解泊肃叶公式的应用。 ②学习用奥氏黏度计测量液体黏滞系数的方法。 ③学习比较法的测量原理,计算待测液体黏滞系数值
参考资料	大学物理实验类书籍

材料工具清单

学习场三	探究性实验					
学习情境(三)	毛细管法液体黏滞系数的测量					
学时	0.2 学时					
典型工作过程描述	预习实验背景—推导实验原理—制订实验步骤—进行实验操作—处理实验数据					
序号	名称	作用	数量	型号	使用量	使用者
1	控制主机	内部装有电机	1			
2	恒温槽盖	装有加热器、温度传感器、毛细管固定架、连接插座	1			
3	玻璃烧杯	加热容器	1			
4	奥氏黏度计		2			
5	秒表		1			
6	磁性转子		1			
7	抽气橡皮球	连一段橡皮管	1			
8	加热器连接线	两芯扁头线	1			
9	温度传感器连接线	两头均为三芯航空插	1			
10	移液器	配一段透明橡胶管	1	1 000 μL		
11	电源线		1			
班级		第　　组		组长签字		
教师签字		日期				

教师实施计划单

学习场三	探究性实验				
学习情境(三)	毛细管法液体黏滞系数的测量				
学时	0.1 学时				
典型工作过程描述	预习实验背景—推导实验原理—制订实验步骤—进行实验操作—处理实验数据				
序号	工作与学习步骤	学时	使用工具	地点	方式	备注
1	预习实验背景	0.6	实验仪器	实验室	实操	
2	推导实验原理	0.6	实验仪器	实验室	实操	
3	制订实验步骤	0.6	实验仪器	实验室	实操	
4	进行实验操作	0.6	实验仪器	实验室	实操	
5	处理实验数据	0.6	实验仪器	实验室	实操	
班级		教师签字			日期	

分组单

学习场三	探究性实验			
学习情境（三）	毛细管法液体黏滞系数的测量			
学时	0.1 学时			
典型工作过程描述	预习实验背景—推导实验原理—制订实验步骤—进行实验操作—处理实验数据			
分组情况	组别	组长		组员
	1			
	2			
	3			
	4			
分组说明				
班级		教师签字		日期

教学反馈单

学习场三	探究性实验		
学习情境（三）	毛细管法液体黏滞系数的测量		
学时	0.1 学时		
典型工作过程描述	预习实验背景—推导实验原理—制订实验步骤—进行实验操作—处理实验数据		
调查项目	序号	调查内容	理由描述
	1	是否了解泊肃叶公式的基本原理	
	2	能否正确设计实验并制订实验步骤	
	3	能否测量待测液体黏滞系数	
您对本次课程教学的改进意见是：			
调查信息	被调查人姓名		调查日期

成绩报告单

学习场三	探究性实验			
学习情境（三）	毛细管法液体黏滞系数的测量			
学时	0.1 学时			
姓名			班级	
分数 总分（100 分）	自评20%	互评20%	教师评60%	总分
教师签字			日期	

典型工作环节（1）　预习实验背景

预习实验背景的资讯单

学习场三	探究性实验
学习情境（三）	毛细管法液体黏滞系数的测量
学时	0.1 学时
典型工作过程描述	预习实验背景
搜集资讯的方式	线下书籍及线上资源相结合
资讯描述	①预习泊肃叶公式的应用、黏性等的基本概念。 ②预习用毛细管法测量液体黏滞系数的方法
对学生的要求	掌握泊肃叶公式原理及利用毛细管法测量液体黏滞系数
参考资料	大学物理实验类书籍

预习实验背景的计划单

学习场三	探究性实验		
学习情境（三）	毛细管法液体黏滞系数的测量		
学时	0.1 学时		
典型工作过程描述	预习实验背景		
计划制订的方式	小组讨论		
序号	工作步骤		注意事项
1	预习泊肃叶公式的原理		
2	预习毛细管法液体黏滞系数实验仪的使用方法		
3	预习应用毛细管法测量液体黏滞系数的方法		
计划评价	班级	第　　组	组长签字
	教师签字	日期	
	评语：		

预习实验背景的决策单

学习场三	探究性实验				
学习情境（三）	毛细管法液体黏滞系数的测量				
学时	0.1 学时				
典型工作过程描述	预习实验背景				
计划对比					
序号	可行性	经济性	可操作性	实施难度	综合评价
1					
2					
3					
N					
决策评价	班级		第　组		组长签字	
	教师签字		日期			
	评语：					

预习实验背景的实施单

学习场三	探究性实验	
学习情境（三）	毛细管法液体黏滞系数的测量	
学时	0.1 学时	
典型工作过程描述	预习实验背景	
序号	实施步骤	注意事项
1	预习泊肃叶公式的应用、黏性等的相关知识	在流体内部,不同流速层的交面上,有切向的相互作用力,使相邻流层的相对速度减慢,这种性质就称为黏性。 $$\eta = \frac{\pi R^4 (P_1 - P_2)}{8VL} t$$
2	预习毛细管法液体黏滞系数实验仪的使用方法	FD-LSM-B 型毛细管法液体黏滞系数测量实验仪主要由实验主机、玻璃烧杯(底部放一磁性转子)、奥氏黏度计、秒表、加热器和温度传感器组成恒温控制器、吸气橡皮球以及移液器等组成
3	预习应用比较法测量液体黏滞系数的方法	运用比较法原理,同一支奥氏黏度计对两种液体进行测量
实施说明：		
实施评价	班级		第　　组		组长签字	
	教师签字		日期			
	评语：					

预习实验背景的检查单

学习场三	探究性实验			
学习情境（三）	毛细管法液体黏滞系数的测量			
学时	0.1 学时			
典型工作过程描述	预习实验背景			
序号	检查项目	检查标准	学生自查	教师检查
1	泊肃叶公式、黏性等的相关知识	掌握液体黏滞系数测定的方法		
2	液体黏滞系数测量实验仪的使用	正确使用仪器,测量数据		
3	利用比较法测量液体黏滞系数	求出待测液体黏滞系数		

检查评价	班级		第　　组	组长签字	
	教师签字		日期		
	评语：				

预习实验背景的评价单

学习场三	探究性实验			
学习情境（三）	毛细管法液体黏滞系数的测量			
学时	0.1 学时			
典型工作过程描述	预习实验背景			
评价项目	评价子项目	学生自评	组内评价	教师评价
泊肃叶公式、黏性等的相关知识	掌握液体黏滞系数的测定方法			
液体黏滞系数的测量实验仪的使用	正确使用仪器,测量数据			
利用比较法测量液体黏滞系数	求出待测液体黏滞系数			
最终结果				

评价	班级		第　　组	组长签字	
	教师签字		日期		
	评语：				

典型工作环节（2） 推导实验原理

推导实验原理的资讯单

学习场三	探究性实验
学习情境（三）	毛细管法液体黏滞系数的测量
学时	0.1 学时
典型工作过程描述	推导实验原理
搜集资讯的方式	线下书籍及线上资源相结合
资讯描述	①理解比较法的测量原理。 ②理解用奥氏黏度计测量液体黏滞系数的方法
对学生的要求	了解泊肃叶公式的基本原理及比较法测量液体黏滞系数的方法
参考资料	大学物理实验类书籍

推导实验原理的计划单

学习场三	探究性实验	
学习情境（三）	毛细管法液体黏滞系数的测量	
学时	0.1 学时	
典型工作过程描述	推导实验原理	
计划制订的方式	小组讨论	
序号	工作步骤	注意事项
1	了解泊肃叶公式的基本原理	
2	利用比较法测量液体黏滞系数	
计划评价	班级　　　　　　　第　组　　组长签字	
	教师签字　　　　　　日期	
	评语：	

推导实验原理的决策单

学习场三	探究性实验				
学习情境（三）	毛细管法液体黏滞系数的测量				
学时	0.1 学时				
典型工作过程描述	推导实验原理				
计划对比					
序号	可行性	经济性	可操作性	实施难度	综合评价
1					
2					
3					
N					
决策评价	班级　　　　　　　第　组　　组长签字				
	教师签字　　　　　　日期				
	评语：				

推导实验原理的实施单

学习场三	探究性实验
学习情境（三）	毛细管法液体黏滞系数的测量
学时	0.1 学时
典型工作过程描述	推导实验原理

序号	实施步骤	注意事项
1	泊肃叶公式：液体的黏滞系数 $$\eta = \frac{\pi R^4 (P_1 - P_2)}{8VL} t$$	实际液体在半径 R，长度为 L 的水平管中作稳定流动，取半径为 $r\,(r < R)$ 为液柱，作用在液柱两端的压强差为 $P_1 - P_2$
2	奥氏黏度计结构 由玻璃制成的 U 形连通管。使用时竖直放置。一定量的被测液体由 a 管注入，液面约在 b 球中部，测量时将液体吸入 c 球，液面高于刻线 m，让液体经 de 段毛细管自由向下流动，当液面经刻线 m 时，开始计时，液面下降至刻线 n 时停止计时，由 m、n 所划定的 c 球体积即为被测液体在 t 秒内流经毛细管的体积 V，如图所示 	推动液体流动的 $P_1 - P_2$，在这种情况下不再是外加压强，而是由被测液体在测量时两管的液面差所决定的。 $$P_1 - P_2 = \rho g H$$ 由此可得， $$\eta = \frac{\pi R^4 g H}{8VL} \rho t$$
3	比较法原理 在实际测量中，毛细管的半径 R、毛细管的长度 L 和 m、n 所划定的体积 V 都是很难准确地测定，液面差 H 是随液体流动的时间而改变的，不是一个固定值。因此直接使用此公式来测量是十分不方便的，下面介绍比较法，即用同一支奥氏黏度计对两种液体进行测量，可得： $$\eta_1 = \frac{\pi R^4 g H}{8VL} \rho_1 t_1 \qquad \eta_2 = \frac{\pi R^4 g H}{8VL} \rho_2 t_2$$	由于 R、V、L 都是定值，如果取用两种液体的体积也是相同的，则在测量开始和测量结束时的液面差 H 也是相同的。因此将两式相比，可得： $$\frac{\eta_1}{\eta_2} = \frac{\rho_1 t_1}{\rho_2 t_2}$$ 即 $$\eta_2 = \eta_1 \frac{\rho_1 t_1}{\rho_2 t_2}$$ 若 η_1、ρ_1 和 ρ_2 为已知，则根据测得的 t_1 和 t_2 可算出 η_2 的值

实施说明：

实施评价	班级		第　　组	组长签字	
	教师签字		日期		
	评语：				

推导实验原理的检查单

学习场三	探究性实验			
学习情境（三）	毛细管法液体黏滞系数的测量			
学时	0.1学时			
典型工作过程描述	推导实验原理			
序号	检查项目	检查标准	学生自查	教师检查
1	毛细管法液体黏滞系数测量实验仪	了解液体黏带系数测量实验仪的工作原理		
2	比较法原理	能够利用比较法推导液体黏滞系数公式		
检查评价	班级		第　组	组长签字	
	教师签字		日期		
	评语：				

推导实验原理的评价单

学习场三	探究性实验			
学习情境（三）	毛细管法液体黏滞系数的测量			
学时	0.1学时			
典型工作过程描述	推导实验原理			
评价项目	评价子项目	学生自评	组内评价	教师评价
毛细管法液体黏滞系数测量实验仪	了解液体黏带系数测量实验仪的工作原理			
比较法原理	能够利用比较法推导液体黏滞系数公式			
最终结果				
评价	班级		第　组	组长签字	
	教师签字		日期		
	评语：				

典型工作环节（3）　制订实验步骤

制订实验步骤的资讯单

学习场三	探究性实验
学习情境（三）	毛细管法液体黏滞系数的测量
学时	0.1 学时
典型工作过程描述	制订实验步骤
搜集资讯的方式	线下书籍及线上资源相结合
资讯描述	①依据所求物理量，设计实验并制订实验步骤。 ②制订用比较法测量待测液体黏滞系数的步骤
对学生的要求	制订正确、有序的实验步骤
参考资料	大学物理实验类书籍

制订实验步骤的计划单

学习场三	探究性实验		
学习情境（三）	毛细管法液体黏滞系数的测量		
学时	0.1 学时		
典型工作过程描述	制订实验步骤		
计划制订的方式	小组讨论		
序号	工作步骤		注意事项
1	设计实验并制订实验步骤		
2	用比较法测量液体黏滞系数		

计划评价	班级		第　　组	组长签字	
	教师签字		日期		
	评语：				

制订实验步骤的决策单

学习场三	探究性实验				
学习情境（三）	毛细管法液体黏滞系数的测量				
学时	0.1 学时				
典型工作过程描述	制订实验步骤				
计划对比					
序号	可行性	经济性	可操作性	实施难度	综合评价
1					
2					
3					
N					

决策评价	班级		第　　组	组长签字	
	教师签字		日期		
	评语：				

制订实验步骤的实施单

学习场三	探究性实验		
学习情境（三）	毛细管法液体黏滞系数的测量		
学时	0.1 学时		
典型工作过程描述	制订实验步骤		
序号	实施步骤		注意事项
1	连接液体黏滞系数实验仪器,如图所示 		
2	加热恒温槽,清洗奥氏黏度计,将液体从 b 泡中吸入 c 泡,挤压橡皮球,将液体全部压回到大管中,如图所示 		
3	让液面自由下降,用计时器记录液面从刻线 m 下降到刻线 n 所用的时间		
4	取与之前相同体积的水注入黏度计中,重复实验过程		
5	计算出液体在某个温度 T 下的黏滞系数		

实施说明:

实施评价	班级		第　组	组长签字	
	教师签字		日期		
	评语:				

制订实验步骤的检查单

学习场三	探究性实验			
学习情境（三）	毛细管法液体黏滞系数的测量			
学时	0.1 学时			
典型工作过程描述	制订实验步骤			
序号	检查项目	检查标准	学生自查	教师检查
1	制订实验步骤	正确、有序地设计实验步骤		
2	测量液体黏滞系数	利用比较法测量液体黏滞系数		
检查评价	班级　　　　　　　第　组　　　组长签字			
	教师签字　　　　　　　日期			
	评语：			

制订实验步骤的评价单

学习场三	探究性实验			
学习情境（三）	毛细管法液体黏滞系数的测量			
学时	0.1 学时			
典型工作过程描述	制订实验步骤			
评价项目	评价子项目	学生自评	组内评价	教师评价
制订实验步骤	正确、有序地设计实验步骤			
测量液体黏滞系数	利用比较法测量液体黏滞系数			
最终结果				
评价	班级　　　　　　　第　组　　　组长签字			
	教师签字　　　　　　　日期			
	评语：			

典型工作环节(4)　进行实验操作

进行实验操作的资讯单

学习场三	探究性实验
学习情境(三)	毛细管法液体黏滞系数的测量
学时	0.1 学时
典型工作过程描述	进行实验操作
搜集资讯的方式	线下书籍及线上资源相结合
资讯描述	①准备实验仪器,连接实验装置。 ②比较法测量液体黏滞系数
对学生的要求	按正确的实验步骤完成实验
参考资料	大学物理实验类书籍

进行实验操作的计划单

学习场三	探究性实验		
学习情境(三)	毛细管法液体黏滞系数的测量		
学时	0.1 学时		
典型工作过程描述	进行实验操作		
计划制订的方式	小组讨论		
序号	工作步骤		注意事项
1	明确实验要测量的物理量		
2	准备连接调试实验仪器		
3	按照实验步骤进行实验		

计划评价	班级		第　　组	组长签字	
	教师签字		日期		
	评语:				

进行实验操作的决策单

学习场三	探究性实验
学习情境（三）	毛细管法液体黏滞系数的测量
学时	0.1 学时
典型工作过程描述	进行实验操作

计划对比

序号	可行性	经济性	可操作性	实施难度	综合评价
1					
2					
3					
N					

决策评价	班级		第　组	组长签字	
	教师签字		日期		
	评语：				

进行实验操作的实施单

学习场三	探究性实验
学习情境（三）	毛细管法液体黏滞系数的测量
学时	0.1 学时
典型工作过程描述	制订实验步骤

序号	实施步骤	注意事项
1	摆放好主机，将玻璃烧杯注入水（水量接近瓶口的刻线），放入磁性转子，然后放在机箱上指定位置，并将主机与加热器（主要指恒温槽盖子）用传感器连接线和加热器连接线连接，打开电源开关，顺时针旋转"电机控制"的"转速调节"电位器至接近最大，将"电机控制"开关拨至"开"，这时可以看到磁性转子转动（转速比较快），逆时针转动"转速调节"电位器至接近最小，使转子以合适的速度转动，最后将温度设定为 T（取决于实验的设计，但要高于室温），恒温槽进行加热。 恒温控制设定方法：开机首先显示标志"FdHC"，接着显示当前测量温度"A24.3"，最后显示设定温度"b＝＝.＝"，并停在这个显示，按"升温"键至设定温度（如果超过需要设定温度，按"降温"键减小数字），然后按"确定"键开始加热	期间如果希望重新设定温度，按"复位"键重新设定，步骤同前，到显示"b"开头显示时开始设置温度。另外在加热期间，可以按"确定"键切换显示设置温度（"b"标志开头）和当前测量温度（"A"标志开头）

续表

序号	实施步骤	注意事项
2	清洗奥氏黏度计,用 6~10 mL 的待测液体(酒精)注入黏度计的 b 泡中(如图所示)进行洗涤,打开橡皮球的阀门,用手捏住橡皮球,尽量把橡皮球中的空气挤出,关闭阀门松开手缓缓吸气,将液体从 b 泡中吸入 c 泡,并使液面稍高于 m 刻线(注意不要吸入橡皮球中)。再次挤压橡皮球,将液体全部压回到大管中。重复上述步骤 2~3 次,将酒精压入大管中后,倒入回收杯中 	
3	取 6~8 mL 的酒精注入黏度计中(对具体的体积不作要求,但要保证两次两种液体放入的体积相同即可)	
4	将黏度计放入恒温槽中,并固定保证其在竖立位置	
5	用橡皮球将 b 泡中的酒精吸入 c 泡中并稍高于刻线 m(注意不要吸入橡皮管内)	
6	打开橡皮球的阀门,让液面自由下降,用计时器记录液面从刻线 m 下降到刻线 n 所用的时间	注意视线应与刻线水平
7	重复 5、6 两个步骤,测量 3~5 个数据	按照实验内容的设计而定
8	挤压橡皮球让酒精全部压入大管中,然后倒出。用 6~10 mL 的纯水,按照步骤 2 的方法再次清洗黏度计	
9	取与之前相同体积的水注入黏度计中,重复步骤 4、5、6、7 的方法测量水所需的时间。按照公式计算出酒精在某个温度 T 下的黏滞系数	

实施说明:

实施评价	班级		第 组		组长签字	
	教师签字		日期			
	评语:					

进行实验操作的检查单

学习场三	探究性实验			
学习情境（三）	毛细管法液体黏滞系数的测量			
学时	0.1学时			
典型工作过程描述	进行实验操作			
序号	检查项目	检查标准	学生自查	教师检查
1	使用液体黏滞系数实验仪等仪器进行实验操作	熟练使用仪器,有序进行实验操作		
2	液体黏滞系数的测量	利用比较法测量液体黏滞系数		
检查评价	班级		第　组	组长签字	
	教师签字		日期		
	评语：				

进行实验操作的评价单

学习场三	探究性实验			
学习情境（三）	毛细管法液体黏滞系数的测量			
学时	0.1学时			
典型工作过程描述	进行实验操作			
评价项目	评价子项目	学生自评	组内评价	教师评价
使用液体黏滞系数实验仪等仪器进行实验操作	熟练使用仪器,有序进行实验操作			
液体黏滞系数的测量	利用比较法测量液体黏滞系数			
最终结果				
评价	班级		第　组	组长签字	
	教师签字		日期		
	评语：				

典型工作环节(5)　处理实验数据

处理实验数据的资讯单

学习场三	探究性实验
学习情境(三)	毛细管法液体黏滞系数的测量
学时	0.1 学时
典型工作过程描述	处理实验数据
搜集资讯的方式	线下书籍及线上资源相结合
资讯描述	①记录密度数据,测量不同温度下,相同体积被测液体经毛细管流入 c 球的时间 t。 ②利用比较法,代入公式 $\eta_2 = \eta_1 \dfrac{\rho_1 t_1}{\rho_2 t_2}$,计算待测液体黏滞系数
对学生的要求	能正确分析比较法原理,求出待测液体黏滞系数
参考资料	大学物理实验类书籍

处理实验数据的计划单

学习场三	探究性实验		
学习情境(三)	毛细管法液体黏滞系数的测量		
学时	0.1 学时		
典型工作过程描述	处理实验数据		
计划制订的方式	小组讨论		
序号	工作步骤		注意事项
1	掌握实验原理		
2	测量所需的实验数据		
3	处理实验数据,求出待求物理量		

计划评价	班级		第　　组	组长签字	
	教师签字		日期		
	评语:				

处理实验数据的决策单

学习场三	探究性实验				
学习情境(三)	毛细管法液体黏滞系数的测量				
学时	0.1 学时				
典型工作过程描述	处理实验数据				
计划对比					
序号	可行性	经济性	可操作性	实施难度	综合评价
1					
2					
3					
N					
决策评价	班级		第　组		组长签字	
	教师签字		日期			
	评语:					

处理实验数据的实施单

学习场三	探究性实验
学习情境(三)	毛细管法液体黏滞系数的测量
学时	0.1 学时
典型工作过程描述	处理实验数据

序号	实施步骤	注意事项					
1	毛细管法纯净水黏滞系数的测量	纯净水					
		温度/℃	t_1/s	t_2/s	t_3/s	平均时间 t/s	密度 ρ/ $(kg \cdot m^{-3})$
2	采用比较法对待测液体毛细管法液体黏滞系数进行测量	无水乙醇					
		温度/℃	t_1/s	t_2/s	t_3/s	平均时间 t/s	密度 ρ/ $(kg \cdot m^{-3})$
3	代入公式,计算待测液体黏滞系数	$\eta_2 = \eta_1 \dfrac{\rho_1 t_1}{\rho_2 t_2}$					

实施说明:

实施评价	班级		第　组		组长签字	
	教师签字		日期			
	评语:					

处理实验数据的检查单

学习场三	探究性实验			
学习情境（三）	毛细管法液体黏滞系数的测量			
学时	0.1学时			
典型工作过程描述	处理实验数据			
序号	检查项目	检查标准	学生自查	教师检查
1	利用比较法测量不同液体所用的时间	正确处理数据		
2	待测液体黏滞系数的计算	求出待测液体黏滞系数		
检查评价	班级		第 组	组长签字	
	教师签字		日期		
	评语：				

处理实验数据的评价单

学习场三	探究性实验			
学习情境（三）	毛细管法液体黏滞系数的测量			
学时	0.1学时			
典型工作过程描述	处理实验数据			
评价项目	评价子项目	学生自评	组内评价	教师评价
利用比较法测量不同液体所用的时间	正确处理数据			
待测液体黏滞系数的计算	求出待测液体黏滞系数			
最终结果				
评价	班级		第 组	组长签字	
	教师签字		日期		
	评语：				

参考文献

[1] 课程教材研究所物理课程教材研究开发中心. 普通高中教科书物理必修第一册[M]. 北京:人民教育出版社,2019.

[2] 课程教材研究所物理课程教材研究开发中心. 普通高中教科书物理必修第二册[M]. 北京:人民教育出版社,2019.

[3] 单摆测定重力加速度,密里根油滴实验,光电效应实验软件说明书[Z]. 合肥:安徽省科大奥锐科技有限公司,2019.

[4] FD-LCM-A 液体电导率测量实验仪说明书[Z]. 上海:上海复旦天欣科教仪器有限公司,2014.

[5] FD-LSM-B 毛细管法液体黏滞系数测量实验仪说明书[Z]. 上海:上海复旦天欣科教仪器有限公司,2015.

[6] DH4510 磁阻效应综合实验仪说明书[Z]. 杭州:杭州大华仪器制造有限公司,2013.

参考文献

[1] 国家体育总局群众体育司研究中心. 普通高中体育与健康课程标准 第一册[M]. 北京：人民体育出版社, 2015.

[2] 国家体育总局群众体育司研究中心. 普通高中体育与健康课程标准 第二册[M]. 北京：人民体育出版社, 2015.

[3] 李泽湘, 李曙. 物理教程 物理计算机应用技术[Z]. 合肥：安徽省科技大学出版社有限公司, 2015.

[4] FD-LM-A 无长度传感器实验仪使用说明书[Z]. 上海：上海复旦天欣科教仪器有限公司, 2014.

[5] FD-TSM-B 毛细现象实验仪及表面张力系数测定仪说明书[Z]. 上海：上海复旦天欣科教仪器有限公司, 2015.

[6] PHYS10 物理传感器实验校准仪[Z]. 杭州：浙江大学光电信息技术有限公司, 2015.